中文版Unreal Engine 4
室内VR
场景制作教程

刘刚　孙煌杰　张凯　主编

朱戎墨　徐萍萍　何春陵
邹添龙　俞依炎　李泽金　副主编

电子工业出版社

Publishing House of Electronics Industry

北京·BEIJING

内 容 简 介

虚幻引擎（Unreal Engine，UE）由美国 Epic Games 公司出品。本书以 UE4 的 4.8.3 版本为基础进行教学，系统介绍了 UE4 的基础知识，包括如何获取安装、引擎工作界面介绍、VR 场景的搭建、材质、灯光、粒子、蓝图以及输出等知识点，并结合实际案例操作讲解了如何用 UE4 制作 VR 室内场景。

本书以初入门者为主要对象，从 UE4 的获取开始介绍，结合插图中的详细步骤，对软件的面板、工具、命令等做了介绍，确保学员轻松快速入门。书中示例丰富，可以边练边学。

未经许可，不得以任何方式复制或抄袭本书之部分或全部内容。
版权所有，侵权必究。

图书在版编目（CIP）数据

中文版 Unreal Engine 4 室内 VR 场景制作教程 / 刘刚，孙煌杰，张凯主编 .-- 北京：电子工业出版社，2019.1

ISBN 978-7-121-35419-9

Ⅰ.①中… Ⅱ.①刘… ②孙… ③张… Ⅲ.①虚拟现实－程序设计－教材 Ⅳ.① TP391.98

中国版本图书馆 CIP 数据核字（2018）第 253358 号

责任编辑：田　蕾
印　　刷：北京天宇星印刷厂
装　　订：北京天宇星印刷厂
出版发行：电子工业出版社
　　　　　北京市海淀区万寿路 173 信箱　　邮编：100036
开　　本：787×1092　　1/16　　印张：18.25　　字数：525.6 千字
版　　次：2019 年 1 月第 1 版
印　　次：2021 年 5 月第 5 次印刷
定　　价：98.00 元

凡所购买电子工业出版社图书有缺损问题，请向购买书店调换。若书店售缺，请与本社发行部联系，联系及邮购电话：（010）88254888，88258888。
质量投诉请发邮件至 zlts@phei.com.cn，盗版侵权举报请发邮件至 dbqq@phei.com.cn。
本书咨询联系方式：（010）88254161 ～ 88254167 转 1897。

虚幻引擎（Unreal Engine，UE）由美国 Epic Games 公司出品。Epic Games 公司最初是由 Tim Sweeney 创立的 Epic MegaGames 公司，成立于 1991 年。

1998 年虚幻引擎发布，它是 Epic MegaGames 公司最著名的虚幻系列游戏技术，常用于开发 3D 第一人称射击游戏。虚幻引擎已经开发到了第四代，其使用范围涵盖了游戏、动画、教育、建筑、电影、视觉化、虚拟现实等。

虚幻编辑器的设计理念是"所见即所得"，很好地弥补了 3ds Max 和 Maya 的不足。UE4 有着高端的视觉效果、蓝图可视化脚本、编辑器的全面集成套件，以及完整的 C++ 和源代码。

本书以 UE4 的 4.8.3 版本为基础进行教学，系统介绍了 UE4 的基础知识，包括如何获取安装、引擎工作界面介绍、VR 场景的搭建、材质、灯光、粒子、蓝图以及输出等知识点，并结合实际案例操作讲解了如何用 UE4 制作 VR 室内场景。在掌握 UE4 软件教材核心内容的同时，还必须掌握涉及的 3ds Max、Photoshop 等多款软件的综合运用。教学方法与知识点的示例相互贯穿，形成了具有实践性、逻辑性、实用性与灵活性为一体的教学体系。本书的讲解简洁实用、通俗易懂，制作思路清晰明朗，配合示例帮助学员运用和理解。

本书以初入门者为主要对象，从 UE4 的获取开始介绍，结合插图中的详细步骤，对软件的面板、工具、命令等做了介绍，确保学员轻松快速入门。内容涵盖了虚幻引擎在室内制作中常用工具和命令的相关功能。书中示例丰富，可以边练边学，让初学者更有兴趣，也能够深入理解并灵活应用各个知识点。

读者服务：

本书附赠教学素材及视频获取方法：扫码右侧二维码，关注有艺公众号，在"有艺学堂"的"资源下载"中获取。问题反馈、投稿合作请发邮件至 art@phei.com.cn。

目录
CONTENTS

第 1 章

虚幻引擎 4 的认识

本章学习重点

※　了解虚幻引擎 4 的基本概念以及 VR 对家装行业的应用

※　了解虚幻引擎 4 的基本工作界面并掌握基本操作

※　掌握制作室内 VR 场景的详细流程，了解室内 VR 场景制作体系

1.1 虚幻引擎 4

1.1.1 概述

虚幻引擎由美国 Epic Games 公司出品。Epic Games 公司最初是由 Tim Sweeney 创立的 Epic MegaGames 公司，成立于 1991 年。以波托马克计算机系统公布其旗舰产品：zzt 打响了 Epic MegaGames 的知名度。1998 年发布虚幻引擎，它是 Epic MegaGames 公司最著名的虚幻系列游戏技术，常用于开发 3D 第一人称射击游戏。1999 年公司更名为 Epic Games。公司独立自主开发 3D 游戏引擎，现在已经成长为一个系列。虚幻引擎已经开发到了第四代，分别为虚幻引擎、虚幻引擎 2、虚幻引擎 3、虚幻引擎 4。虚幻引擎的使用范围涵盖了游戏、动画、教育、建筑、电影、视觉化、虚拟现实等。虚幻引擎 4 一直在更新与完善，不断地将当前新功能和新技术包含进去，虚幻编辑器的设计理念是"所见即所得"，很好地弥补了 3ds Max 和 Maya 中一些无法实现的不足。虚幻引擎 4 有着高端的视觉效果、蓝图可视化脚本、编辑器的全面集成套件，以及完整的 C++ 和源代码。源代码的开放是对程序员最大的吸引，程序员可以随意扩张引擎功能，浏览游戏角色和物体上的 C++ 函数，设计自己想要的引擎。对于一个不会编程技术的开发者，蓝图就是最好的福音，蓝图可视化脚本可以快速地创建关卡、对象及游戏行为，修改调整界面和控件等一系列操作，同样也可以做出一个漂亮的场景。

本书中虚幻引擎 4 简称为 UE4，主要用 UE4 制作 VR 室内场景。VR 是 Virtual Reality 的缩写，译为虚拟现实。教材用 UE4 软件在计算机里创建一个逼真的虚拟三维环境，让体验者身临其境，感受虚拟现实给人带来的视觉、听觉、触觉、运动等感知。选择 UE4 软件制作 VR 场景，是因为 UE4 可以对虚拟现实提供多方面支持：支持 Blender、Maya、3ds Max 等制作的 3D 模型导入；支持多种程序语言编写脚本，而且软件免费开放。

1.1.2 虚幻引擎 4 的工作环境

在运用虚幻引擎 4 对游戏运行或者是编辑器的开发时，对硬件和软件运行有以下基础要求：

1. 操作系统：Windows

硬件与软件	推荐要求
操作系统	Windows 7/8 64-bit
处理器	2.5 GHz 或更快的 Intel 或 AMD 四核处理器
内存	8 GB RAM
显卡 / DirectX 版本	支持 DirectX 11 的显卡
Visual Studio 版本	Visual Studio 2015 Pro 版 或 Visual Studio 2015 Community 版

2. 操作系统：Mac OS

硬件与软件	推荐要求
操作系统	Mac OS X 10.9.2
处理器	2.5 GHz 或更快的 Intel 或 AMD 四核处理器
内存	8 GB RAM
显卡 / DirectX 版本	支持 OpenGL 4.1 的显卡

备注：在程序开发运行 UE4 时需要安装 Visual Studio（简称 VS）。VS 是美国微软公司的开发工具包系列产品。Visual Studio 包含 C 类语言、Basic 类语言、Java 类语言和其他语言。安装 Visual Studio 有助编译 UE4 的 C++ 蓝图和成功更新后的高版本的 UE4。

1.1.3 虚幻引擎 4 的获取安装

在安装软件前首先要获取正确可靠的安装文件，如何获取正确的软件？正确的获取方式就是从官方网站中下载或通过正规途径购买，而 UE4 可以免费下载，只要进入官方网站即可下载。UE 4 官网：www.unrealengine.com。具体步骤如下所示。

步骤 1 进入虚幻引擎 4 官网，在官网页面中有两个按钮，这两个按钮的名称是"获得虚幻引擎"。单击"获得虚幻引擎"按钮，如图 1.1.1 所示；创建 Epic Games 账户，如图 1.1.2 所示；注册成功后登录；最终单击"下载"按钮，如图 1.1.3 所示。

图 1.1.1 获得虚幻引擎

图 1.1.2 创建 Epic Games 账户

图 1.1.5 自动下载 Epic Games 启动程序

步骤 3 双击桌面 Epic Games 快捷键图标，登录 Epic Games，如图 1.1.6 所示。

图 1.1.6 Epic Games 登录界面

步骤 4 登录 Epic Games 后出现"社区""学习""虚幻商城""工作"四个选区。"社区"主要是官方在上面公布一些最新消息、论坛和博客便于学习交流；"学习"是官方提供一些学习的案例；"虚幻商城"是开发者们上传的一些工程文件进行出售；"工作"是主要获取安装引擎，启动引擎创建项目。在引擎版本中可以添加不同的版本。为了更好地避开版本不兼容问题，在添加版本的过程中最好是添加 4.8.3 及以上版本，如图 1.1.7 所示。

图 1.1.3 下载 Epic Games

步骤 2 在安装前确保计算机有足够的存储空间，然后对已经下载好的 Epic Games 进行安装。用鼠标右键单击 Epic Games，单击"安装"按钮，如图 1.1.4 和图 1.1.5 所示。

图 1.1.4 安装 Epic Games

图 1.1.7 添加引擎版本

步骤 5 成功添加虚幻引擎后安装 Visual Studio。安装 Visual Studio 是为了能够打开在虚幻引擎中 C 类语言编译的插件和虚幻引擎能新建 C++ 蓝图项目。从官网下载 Visual Studio，如图 1.1.8 所示。

能，如图 1.1.9 所示。Visual Studio 安装完成才算真正意义上完成了虚幻引擎 4 的安装。

图 1.1.8　Visual Studio

步骤 6 对下载好的 Visual Studio 文件进行安装，安装前需要保证 IE 浏览器的版本是 IE 10 或者是更高版本。而在安装 Visual Studio 的过程中可以选择安装 Visual Studio 中的部分功能或全部功

图 1.1.9　Visual Studio 安装

1.2 虚幻引擎 4 快速入门

1.2.1 新建工程项目

安装好了虚幻引擎 4 后，就可以使用该软件，启动软件的方法有以下两种。

方法一： 双击计算机桌面上 UE4 的快捷图标 ，即可启动虚幻引擎 4，如图 1.2.1 所示。可以看到一个正在初始化的加载数据，需加载到 100%。

方法二： 双击 Epic Games 登录 UE4 ，成功登录后启动 Unreal Engine 即可启动软件，如图 1.2.2 所示。

图 1.2.1　虚幻引擎 4 启动界面

图 1.2.2　虚幻引擎 4 启动界面

虚幻引擎启动后将会默认进入虚幻项目浏览器，虚幻项目浏览器主要由项目和新建项目组成，

如图 1.2.3 所示。

图 1.2.3 虚幻项目浏览器

在虚幻项目浏览器中，如果有已经建好的项目可以在项目里找到，还可以在过滤项目中搜索查看 Marketplace 来查找新项目。

新建项目中有两类项目，第一类是蓝图类项目，第二类是 C++ 蓝图类项目。蓝图类项目和 C++ 蓝图类项目创建的模板可以相互使用不受约束。创建蓝图类项目可以通过蓝图可视化脚本实现，创建 C++ 蓝图类项目可以从代码中应用引擎，创建 C++ 蓝图需要安装 Visual Studio 2013 或更高的 Visual Studio 版本。

1. 蓝图类项目，创建蓝图项目是针对不会写程序的设计人员。新建的 Actor 蓝图类可以拥有自己的可视化蓝图脚本编辑，整个世界的物体都可以添加蓝图节点，节点之间灵活运用，可以用蓝图节点实现脚本的可视化编辑。

2. C++ 蓝图类项目。创建 C++ 蓝图类项目主要是偏向于程序员。在 UE4 中通过编写程序实现脚本的可视化编辑，用编写程序代替蓝图节点。在大部分的项目中都可以把蓝图和 C++ 混合使用，本书中 VR 场景的制作主要运用蓝图类项目制作（教学）。

在新建项目的过程中要对项目选择进行设置，主要分为选择目标硬件的总体类别、选择目标图像级别、选择目标是否含有额外内容包项目。根据需求设定，推荐在 VR 场景的制作过程中选择最高质量和没有初学者内容、选择存储位置和创建项目名称的命名。在创建项目的命名过程中最好以英文或者拼音为项目命名，这是为了避开文件的不识别和不兼容等问题，如图 1.2.4 所示。设置后单击 创建项目 按钮，完成项目的创建。

图 1.2.4 项目设置命名

1.2.2 虚幻引擎 4 工作界面

打开 UE4,进入虚幻引擎的工作界面,如图 1.2.5 所示。默认 UE4 工作界面包括菜单栏、模式栏、工具栏、视口栏、内容浏览器栏、世界大纲视图栏、详细信息栏。可以根据需要减少或添加其他相关的面板,以便于在工作中使用,提高工作效率。界面中有各种编辑器,包含虚幻引擎中处理内容的编辑器、浏览器及工具的套件。

图 1.2.5 虚幻引擎 4 工作界面

1.2.3 虚幻引擎 4 各个模块介绍

菜单栏:该菜单栏主要有文件、编辑、窗口、帮助。其中包括了 UE4 编辑器中处理关卡时所需的通用工具及命令。

● File(文件):打开文件编辑菜单可以对项目文件进行选择性保存,在打开的项目中创建新的项目或打开另一个蓝图(或 C++ 类)项目,对一些需要制作的元素素材导入导出,对制作好的项目进行打包导出等,如图 1.2.6 所示。

图 1.2.6 文件

● Edit（编辑）菜单：可以对场景中的素材进行复制、剪切、删除、复制粘贴，可以进行项目编辑器设置和项目设置。项目编辑器设置可以对引擎设置普通编辑、关卡编辑、内容编辑。项目设置可以对项目、引擎、Editor、平台、插件中的内容进行设置。

示例：用项目编辑器对语言进行设置，单击打开 Edit（编辑）菜单栏→单击 Editor Preferences（编辑器）偏好设置→ Region&Language（区域 & 语言）→ Language（语言选择），如图 1.2.7 所示。

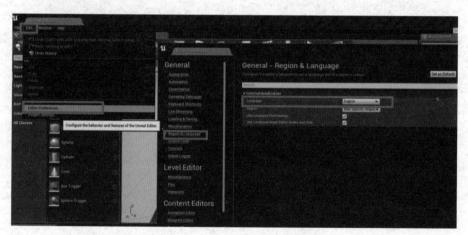

图 1.2.7 虚幻引擎 4 语言设置

● Window（窗口）菜单：窗口菜单其实就是对界面的编辑，主要是对关卡、布局和通用在编辑中的显示，在关卡编辑器中显示视口，在视口中显示 3D 视图，可以同时最多显示 4 个视口，还显示详细信息、数据统计、世界设置、模式关卡等，以布局 UE4 工作界面。

示例：操作中，打开 Window（窗口）→单击 Reset Layout（重置布局），对 UE4 界面重置布局，如图 1.2.8 所示。

● Help（帮助）：菜单中按钮链接了网站，浏览打开主要文档页面，进入虚幻引擎 4 的网页官方文档。API 参考文档指的是 Unreal Engine API Reference（虚幻引擎 API 参考），是虚幻引擎 4 API 的说明文档，也称为虚幻引擎帮助文档。打开 Viewport Controls（视口操作）可以进入官网浏览有关视口操作的介绍、UE4 编辑器的基础性内容介绍教程、关于 UE4 的一些网上论坛，查看使用 UE4 该版本信息。在 Help（帮助）中，每一个按钮都链接到对应官网上的信息，在官网可以查看该信息的解释，如图 1.2.9 所示。

图 1.2.8 重置布局

图 1.2.9 帮助

Modes（模式）：该面板包含了编辑器的各种工具模式。这些模式会改变关卡编辑器的主要行为以便来执行特定的任务，主要有 5 种模式，包括摆放模式、描画模式、地形模式、植被模式、几何体编辑模式。通过使用模式中的工具可以向世界中放置新资源、创建几何体画刷及体积、给网格物体着色、生成植被、塑造地貌等。

● 摆放模式：Modes Panel（模式面）中的 Place Mode（放置模式）可以放置常用的 Actors，是加速及简化环境在虚幻引擎 4 中的创建工具，如图 1.2.10所示。放置模式中主要有筛选器和资源视图。筛选器中有 Recently Placed（最近放置）、Basic（基本）、Lights（光

照）、 Visual Effects（视觉效果）、BSP（几何体）、Volumes（体积）、All Classes（所有类）。当在关卡中添加各种元素及其他元素时可以根据模式中的分类快速添加。放置过程中可以根据分类选择放置 Actors，也可以通过搜索类别对要放置的 Actors 进行搜索选择。

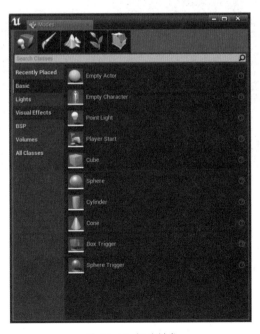

图 1.2.10 摆放模式

Recently Placed（最近放置）	在最近放置中可以知道从模式中放入了哪些 Actors，包含最近放置的最多 20 种类型的滚动历史记录
Basic（基本）	包含常见的通用类型，诸如触发器、相机，等等
Lights（光照）	包含所有光照类型
Visual Effects（视觉效果）	包含常用的视觉类型或渲染相关类型，这些类型包括雾、贴花等
BSP（几何体）	包含所有画刷图元类型
Volumes（体积）	包含所有放置体积类型
All Classes（所有类）	包含所有放置的 Actor 类型

在 Modes（模式）界面中可以任意放置常用的 Actors。

示例：场景中布置 Point Light（点光源），使用分类放置 Actors 可以把 Point Light（点光源）布置到场景中。首先单击摆放模式，选择 Lights（光照）→ Point Light（点光源）→拖曳到视口场景中合适位置，如图 1.2.11 所示。

图 1.2.11　点光源放置

在 Modes（模式）中通过摄像机进行查看场景。具体步骤为：使用搜索放置 Actors 方式把 Camera（摄像机）放置到场景中。首先单击摆放模式，选择搜索工具框→输入 Camera（摄像机）→单击 Camera（摄像机）→拖曳到视口场景中合适位置，如图 1.2.12 所示。

● 描画模式：该工具主要用于网格物体描画，可以交互式地在关卡静态网格物体上描画顶点颜色，使用唯一的颜色 /alpha 值来描画一个单独网格物体的多个实例，并且可以在材质中以任意的方式使用这个数据，如图 1.2.13 所示。

图 1.2.12 摄像机放置

图 1.2.13 描画模式

● 地形模式：Landscape（地形）系统用于世界场景的创建，可以创建类似大自然中的逼真地形，如山峰、峡谷、坡地等。通过 ■■■ 一系列工具对创建场景的形状和外观进行修改。在创建的地形模块中可以选择 Manage（管理）模式、Sculpt（雕刻）模式、Paint（描画）模式，如图 1.2.14 所示。

Manage（管理）模式可以利用 Landsape Gizmos（景观小工具）复制、粘贴、导入和导出地形的部分。因为它们都定义了一个特定区域。

地形模式的作用是存放一块地貌的高度和图层数据，以便可以将它们复制到地貌的另一个位置或者导出应用在其他的地貌上。

Sculpt（雕刻）模式是地形的造型，使用其中一个或者多个工具对地形进行造型设计。每个工具都有一套属性，不同的属性算法不同，对地形产生的影响也不同。

Paint（描画）模式是将材质图层选择性地运用到地形的各个部分中，有利于地形外观的修改。

图 1.2.14 地形模式

● 植被模式：植被模式系统可以快速地描画场景中的植被，如图 1.2.15 所示。对场景景观清除、描画静态网格物体、描画遗留地形系统制作的地形上的网格物体。这些网格物体可以自动地组合成一批，然后通过使用硬件实例化渲染这批网格物体，这意味着，仅需要一个描画函数就会渲染所有实例。

Paint（描绘）工具：在世界中添加植被实例或擦除植被实例；

Reapply（重新应用）工具：用于改变已经在世界中描画的实例的参数；

Selection（选择）工具：用于选择单独的实例以进行移动、删除等操作；

Paint Select（描画选择）工具：通过使用描画画刷选择多个实例。

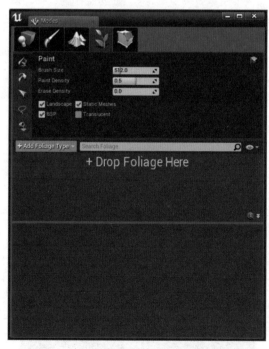

图 1.2.15 植被模式

● 几何体编辑模式：该模式是将画刷修改为几何体，如图 1.2.16 所示。使用几何体模式来改变画刷的实际形状。编辑器模式可以直接控制画刷的点、

线、面，和简单 3D 建模应用工具相似。首先要在 BSP 模式中放置编辑器，BSP 模式是在 Place（放置）模式面板中的。BSP 画刷有构建器画刷、添加型画刷、非固体画刷、挖空画刷。在世界创建 BSP 画刷，可以对其进行编辑，如平移、旋转、翻转、缩放，以及 BSP 表面材质的一些应用管理等。

图 1.2.16 几何体编辑模式

工具栏： 在快速访问工具栏中有常用的文件操作命令按钮，默认位于用户视口的上方，以图像分类的形式放置按钮，如图 1.2.17 所示。

图 1.2.17 工具栏

在工具栏中包含保存、源码控制、内容、市场、设置、蓝图、Matinee、构建、播放和启动按钮。具体功能如下表所示。

工具栏按钮

图标	名称	描述
Save	Save 保存	保存当前关卡
Source Control	Source Control 源码控制	主要用于团队对 UE4 的协同开发，源码控制就如一个团队对一个项目开发，在复杂的开发过程中进行系统管理
Content	Content 内容	内容浏览器显示了在世界中所有的文件素材。在内容编辑器中可以创建、导入及编辑所有内容的地方
Marketplace	Marketplace 市场	打开 UE4 启动程序就会跳转到 Marketplace 部分。Marketplace 平台服务里可以浏览应用分类、标题，查看软件的特性、细节、分级、评论、截屏以及价格等方面的信息
Settings	Settings 设置	显示快速设置菜单，进入菜单可以访问控制关卡编辑器中选择、编辑及预览方面的常用选项
Blueprints	Blueprints 蓝图	提供了在世界中创建或编辑任何蓝图的方法，包括在蓝图编辑器中打开针对当前关卡的关卡蓝图
Matinee	Matinee	可以用来创建新的 Matinee 序列或编辑关卡中创建好的 Matinee 序列
Build	Build 构建	在编辑器中打开的所有关卡（包括永久性关卡和动态载入关卡）上执行构建操作。构建操作将尽可能多地预计算关卡相关的各个方面，如静态光照、光照贴图、阴影、全局光照，并且在这个过程中也会计算几何体。单击该箭头将会显示 Build Options（构建选项）菜单
Play	Play 播放	以播放模式启动游戏。单击该箭头将会显示 Play Options（运行选项）菜单
Launch	Launch 启动	在任何制作平台上启动当前地图。单击该箭头后显示的菜单中列出了所连接的设备

视口：工作视口是虚幻引擎 4 的主要工作区域。打开引擎系统虚幻编辑器默认的视图为透视图部分。在视图的左上角和右上角可以对视口进行一些基本设置和操作，如图 1.2.18 所示。

在左上角 有视口选项菜单、视口模式、视图模式和显示。

1. 在视口选项菜单中可以设置视口显示的一些数据、模式和视口布局，视口模式切换可以切换上、下、左、右、前、后和透视视角。

2. 视图模式可以对视口预览时显示的各种光照模式进行切换，而显示是对视口中的场景内容进行选择性的显示。

右上角的 分别代表的意思是：坐标位置移动、旋转、缩放、坐标中心切换、表面对齐、移动值设定、旋转值设定、缩放值设定、相机移动设定。

图 1.2.18 视口

示例：把场景切换为左视图以线框的形式在视口中显示，在视口左上角选择 Left（左侧）和 Wireframe（线框），如图 1.2.19 所示。把模型变换为线框，从左侧可以观察模式放置的位置是否对齐，对模型的位置进行调整和对齐，这和 3ds Max 的窗口切换和视图显示类似。

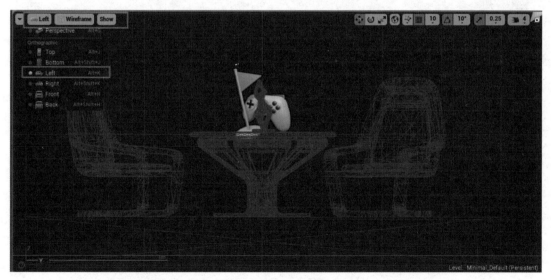

图 1.2.19 切换为左视口

在视口中对场景中的 Actors 进行移动、旋转、缩放时启用目标与网格对齐，如图 1.2.20 所示。在移动、旋转、缩放的操作过程中目标就会根据设置的值进行单位移动、旋转、缩放。

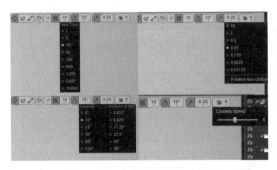

图 1.2.20　视口切换

字母加鼠标左键或右键可以控制在透视口中操作时相机的移动。

按键字母	控制内容
W	向前移动相机
S	向后移动相机
A	向左移动相机
D	向右移动相机
E	向上移动相机
Q	向下移动相机
Z	拉远相机
C	推近相机

内容浏览器：内容浏览器是虚幻编辑器的主要区域，主要是在编辑器中创建、导入、组织、查看、及修改内容资源，比如创建文件、重命名、复制、筛选等操作，如图 1.2.21 所示。

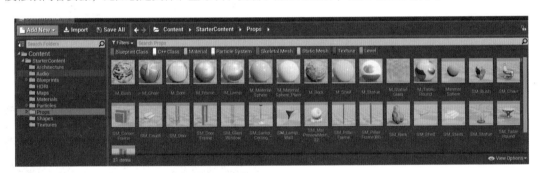

图 1.2.21　内容浏览器

在虚幻引擎 4 中内容浏览器是虚幻编辑器的创建，可以分为 4 个部分。

第一部分是导航栏，可以对文件内容切换查看，对其隐藏 / 显示，打开子文件夹或后退，导入、组织、查看和修改编辑器中的主要模块，如图 1.2.22 所示。

图 1.2.22　导航栏

第二部分是源视图，显示导入文件内容显示列表，在列表文件中可以滚动鼠标或拖动滚动条查看文件。打开子文件夹，对这些内容文件进行编辑，如移动、复制、重命名和查看提取运用编辑内容。也可以用搜索工具对该文件进行直接搜索，如图 1.2.23 所示。

图 1.2.23　源视图

第三部分是资源管理区，对文件内容过滤查看管理。过滤器可以对材质、骨架网格物体、关卡、静态网格物体、蓝图类、粒子系统、贴图等进行过滤，有助于快速找到相应素材，从而提高工作效率，如图 1.2.24 所示。

图 1.2.24 资源管理区

第四部分是查看文件内容信息显示，查看文件详细内容路径，统计文件总数。内容浏览器可以寻找到虚幻引擎 4 的所有内容文件，还可以找到文件中的文件素材在场景中的交互运行情况，如图 1.2.25 所示。

图 1.2.25 资源视图

世界大纲视图：世界大纲视图面板以层次化的树状图形式显示了场景中的所有 Actor。使用 Info（信息）下拉列表来显示额外的竖栏，它显示关卡、图层或 ID 名称。通过搜索过滤框输入文本和关键字过滤显示 Actor。在关键字前面使用 "–" 符号，排除掉和该特定关键字匹配的 Actor。在关键字前添加 "+" 符号，可以强制搜索出和该关键字完全匹配的 Actor，如图 1.2.26 所示。

图 1.2.26 世界大纲视图

详细信息：Details（详细信息）面板显示在视口中选中对象的信息、工具及功能，添加组件和添加脚本蓝图。它包含了该对象位置、旋转、缩放、移动性的变换编辑。例如，对静态网格物体上的材质进行编辑，把材质的材料和质感相结合，对物体表面的色彩、纹理、光滑度、透明度、反射、折射、发光等可视化属性进行编辑，如图 1.2.27 所示。

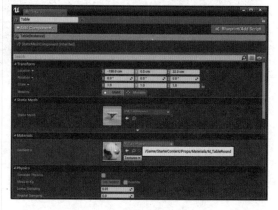

图 1.2.27 详细信息

1.3 制作流程及注意事项

1.3.1 制作流程表

在进行 VR 场景制作之前，前期要构思好所要建模的场景，这可以提高工作效率，制作流程表如图 1.3.1 所示。

创建场景：根据导入的 CAD 图 3ds Max、Maya 图建模，对生成的场景进行布局，以达到理想的效果。

场景整理：在制作完成的场景中进行检查整理，优化场景中的模型、贴图、材质，对场景模型展 UV 和烘焙，细致化场景。

导出 FBX：可以导出单个物体也可以导出多个物体。导出多个物体会导致计算机计算数据过大致使计算速度变慢。

导入 UE4：将导出的 FBX 文件导入 UE4，在导入过程中设置 UE4 参数，并将导入的文件放置到视口，整好物体坐标。

场景检查：主要是检查模型之间是否错位，导入的模型是否完整。

材质调节：在场景中每一个物体都需要附加材质，场景中材质的搭配协调对场景美观有直接影响，优美的场景需要美工对材质进行细致调节。

布置灯光：灯光在室内空间起着至关重要的作用，优秀的灯光不仅有利于空间的体现，还可以营造空间氛围，让人放松心情。

粒子特效：在场景中有很多地方可以添加粒子，如火焰、流水，雾气、烟雾等，创造更加逼真的场景。

编辑蓝图：在 VR 场景中蓝图是重要的一块内容。比如，人物在场景中的行走，开关灯、开关门等一系列的交互功能都需要编辑蓝图来实现。

打包输出：VR 场景的输出需要硬件的支持，封包是根据个人需要的运行文件类型进行有针对性的封包。

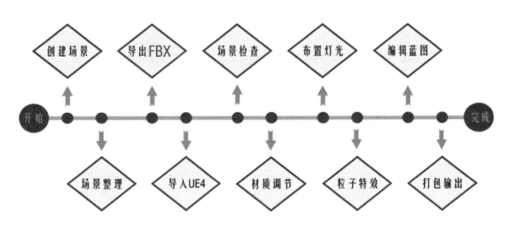

图 1.3.1 制作流程表（导出 FBX 文件）

1.3.2 注意事项

1. 规范模型的尺寸，减少误差。
2. 3D 模型文件要精细，如果模型出现问题，可能导致漏光、渲染计算错误等发生。
3. 在导入 UE4 前要优化处理好模型，以免到 UE4 中出现问题。
4. 文件尽可能不以中文命名、在编辑中注意材质的丢失、单个关卡不能超过 2GB 等。否则，可能导致最终文件打包失败。

1.4 本章小结

通过对本章的学习相信大家对 UE4 有了初步的了解。

1. 学习了 UE4 的获取、安装等相关内容。

2. 学习 UE4 界面中各面板的主要命令，掌握其中的特点，为有效学习 UE4 成功迈出第一步。

3. 了解针对 UE4 VR 场景制作中的注意事项。

第 2 章
VR 场景的基础搭建

本章学习重点

※ 了解场景采取优化的意义，熟练使用各类工具对场景进行优化和烘焙。

※ 展 UV 在 UE4 中作为必不可少的一部分，学习模型展 UV 的方法是制作优秀场景的基础。

※ UE4 导入模型前需要注意材质、贴图的规范问题。

2.1 场景模型的优化

2.1.1 VR 场景前期的建模

VR 场景的建模部分可以通过很多三维软件制作完成，可以使用的三维软件有 AutoCAD、SketchUp、3ds Max、Maya、Cinema 4D、Softimage、ZBrush 等。从国内的 VR 行业公司和个人制作的调查数据来看，AutoCAD 和 3ds Max 这套组合是最常用的工具，因此本教材的模型制作部分将以 3ds Max 软件操作为例来做演示。

由于本书的内容主要针对的是相关专业的在校大学生、室内设计师或具有一定计算机基础的行业相关人士，所以模型前期的基础制作部分以及 AutoCAD、3ds Max 的基础操作在此将不做详述。

提示：若需要学习 AutoCAD 和 3ds Max 方面的知识，请自行查阅相关教材。

2.1.2 3ds Max 场景整理

在此精选几套室内效果图模型来做案例讲解，如图 2.1.1 所示，左图为 UE4 最终效果，右图为 3ds Max 原始模型。

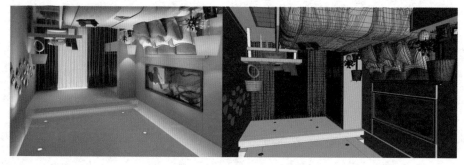

图 2.1.1 案例图

打开 3ds Max 场景后，首先需要对场景进行初步整理，具体流程如下所示。

1. 场景单位设置和尺寸测量

任何一个虚拟场景单位都要与现实场景相符，不可随意设置，这能避免后期场景导入虚幻引擎时单位不统一的问题。通常场景单位使用毫米，操作步骤如图 2.1.2 所示。

步骤 1 单击 Customize（自定义）下拉菜单中的 Units Setup（单位选项）；

步骤 2 设置显示单位为毫米；

步骤 3 单击 System Unit Setup（系统单位设置）按钮；

步骤 4 更改系统单位为毫米，单击 OK 按钮确认；

用 tape（测量工具）或者画个 box 测量一下场景高度。常规卧室高度 2.8m 左右，换算成毫米为 2800mm。若没出现大的偏差则场景尺寸正常。

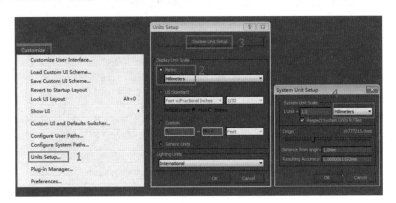

图 2.1.2　设置场景单位图

提示：在做项目时经常会遇到忘记检查场景尺寸，导入 UE4 后才发现问题的情况，导致 3ds Max 场景反复修改，造成不必要的工作量。

2. 清理场景不需要的元素

步骤 1 在场景空白处单击鼠标右键，选择 Unhide All（不隐藏所有）显示所有物体；

步骤 2 选择 Unfreeze All（不冻结所有）；

步骤 3 全选场景中的所有物体，解除所有的组合；

步骤 4 删除所有的灯光、摄像机、建模时遗留的 CAD 线框、废弃的样条线以及场景以外的模型。具体步骤如图 2.1.3 所示。

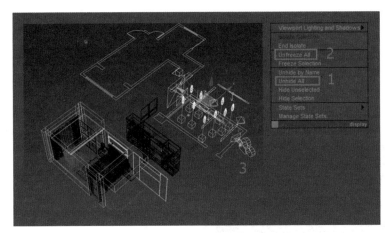

图 2.1.3　删除选中的不用元素

提示：有些场景存在的空物体一定要清除。可用反选的方法，先按种类选择所有可编辑网格，然后按【Ctrl+I】组合键反选删除肉眼看不见的物体。或者自行使用第三方插件操作。

3. 整理场景贴图路径

步骤 1 按【Shift+T】组合键调出资源路径设置选项，如图 2.1.4 所示，路径会呈现以下状态。

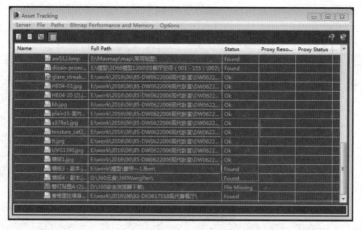

图 2.1.4 路径检查

符号	说明	解决方案
OK	路径完全正确	
Found	路径不正确，但是 3ds Max 已经检测到计算机内有这张贴图	需要手动去搜索这张贴图，然后把路径指定正确
FileMissing	路径不正确，并且在本计算机内没有这张贴图	考虑到是贴图的缺失，我们只能找一张类似的贴图代替，或者在不影响效果的前提下，在材质球里把这张图移除

步骤 2 贴图路径的指定方法，如图 2.1.5 所示。

1	在丢失贴图一栏使用右键快捷菜单
2	选择 Set Path
3	在弹出的菜单里填写正确路径后单击 OK 按钮

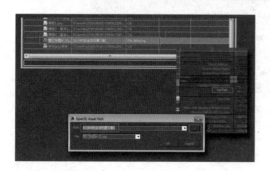

图 2.1.5 路径指定方法

4. 图层的应用和线框色的区分

在制作过程中保持良好的作图习惯，场景应该是整洁明朗的，由于场景物体数量众多，需要对其进行有效的分类。这时候可以使用 Layer（图层），方便修改模型的线框色，有助于操作的方便性，如图 2.1.6 所示。

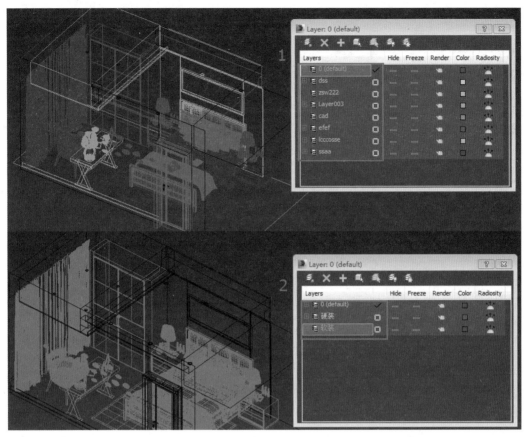

图 2.1.6 线框色和图层的应用

提示：很多人喜欢用自己的习惯去分类，比如打组，不建议使用，因为打组的次数多，容易混乱，从而导致需要显示 / 隐藏物体时，出现全部显示或全部隐藏的情况，增加操作频率。

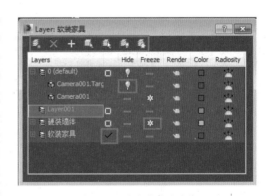

图 2.1.7 图层的常用功能

建议分为硬装和软装两个部分。

a. 图层模块常用功能的使用，如图 2.1.7 所示。

步骤 1 选择筛选出的硬装物体。

步骤 2 单击硬装墙体图层栏 ▤硬装墙体 。

步骤 3 单击 ➕ 号，所选物体已经加入硬装图层。

步骤 4 单击硬装家具栏后面的灯泡 💡，表示隐藏。

步骤 5 选择剩下的软装物体，以相同方式添加到软装图层。

图层功能的解释

新建图层	只可删除空图层	选择物体添加到图层
选择指定图层的内容	选择物体所在的图层	隐藏所有图层
冻结所有图层	隐藏单个图层内容	冻结单个图层内容

当前的操作图层，此时新建物体所在的图层，此状态下图层不可删除

b. 区分线框色

软硬装物体用线框色区分，软装物体用一种颜色，硬装物体用另一种颜色。

2.1.3 模型的优化

1. 模型的单面优化及显示

目前市场上 VR 引擎支持的模型都是以单面的形式存在的，正面显示，背面不显示。因为这样能减少引擎的消耗，加大性能利用率。当站在一个封闭的室内空间时，看到一面墙，但并不需要看到墙的背面，所以这面墙的背面就可以删除。若不删除，引擎就要对墙的背面产生计算，造成不必要的消耗浪费，这就是需要删除背面的原因。

在 3ds Max 环境里，每个模型面也都有着正面和背面的概念，每个物体都有一个属性选项。选项里有个背面消隐，默认没有勾选，这样我们从正反面都可以看到这个面的存在，因此肉眼很难区分哪个是正面，哪个是背面。为了方便操作，在 3ds Max 里要把所有模型的背面消隐激活，如图 2.1.8 所示。

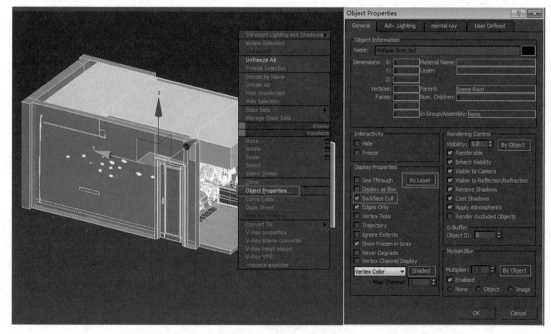

图 2.1.8　勾选背面消隐

操作方法如下：

步骤 ① 选择物体，用鼠标右键单击并在弹出的菜单中选择 Object Properties（物体属性）；

步骤 ② 单击 By Layer（按图层）或者 Mixed（混合）按钮激活参数；

步骤 ③ 勾选 Backface Cull（背面消隐）复选框。

2. 转换成可编辑多边形

通常为了减少操作时间，全选所有物体并单击鼠标右键转换成可编辑多边形，但这样会对某些添加了特定修改器的物体也一并进行了转换，这些物体会对后面的模型优化增加一定难度。因此在一并转换之前，最好检查一下修改器内容。比如 MeshSmooth（网格平滑）、TurboSmooth（涡轮平滑）、Shell（壳）等，这些修改器都是增加物体面数的，违背了优化减面的宗旨。

操作如图 2.1.9 所示。

步骤 ① 选择要转换的物体；

步骤 ② 检查模型上的修改器，需要的保留，不需要的取消；

步骤 ③ 选择右键快捷菜单转换成可编辑多边形。

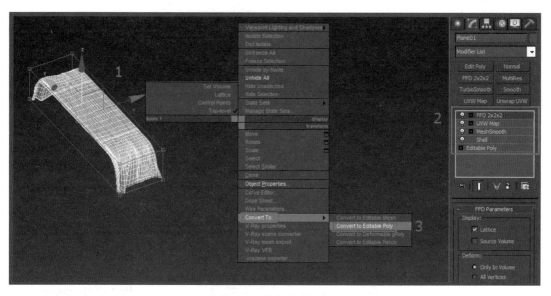

图 2.1.9　修改器的去除

3. 显示场景面数如图 2.1.10 所示

步骤 ① 单击 Views（视图）→ Viewport Configuration（视口配置）菜单命令；

步骤 ② 激活三角面数、总面数和选择物体面数；

步骤 ③ 按下数字键"7"显示场景物体的总面数。

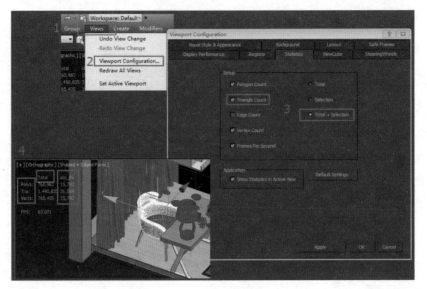

图 2.1.10 场景面数的显示

注释

Polys: 678,269 四边面		Tris: 1,325,454 三角面	
Verts: 681,922 物体点数		Total 场景总面数	
Object20006 选择物体的面数		FPS: 63.071 帧数	

4. 室内场景硬装部分

室内硬装包括地面、墙面、天花板等一些固定物体。删除视线中看不到的物体和看不到的物体背面，减少模型的面数，去掉不必要的布线、废面和废点，避免模型出现接缝、漏面、穿插、面的重叠等问题，然后查漏补缺。

● 墙体交接处的演示如图 2.1.11 所示。

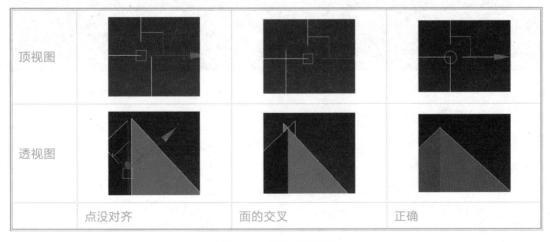

图 2.1.11 墙体交接演示

● 两面不可重叠，会出现闪烁，如图
   2.1.12 所示，左模型错误，右模型正确。

提示：墙体部分不要出现漏缝，某些天花板吊顶结构比较复杂，要注意面的交叉，特别是欧美风格的复杂空间的脚线、浮雕等装饰。处理相同复杂结构的物体，如石膏线，只需要优化一个，然后复制捕捉对齐。

图 2.1.12 物体面的重叠

● 天花板的吊顶模型相对复杂一些，每圈结构需要删除看不见的面，然后将上下拐角处连接起来，保证吊顶的清晰和完整性，如图 2.1.13 所示。

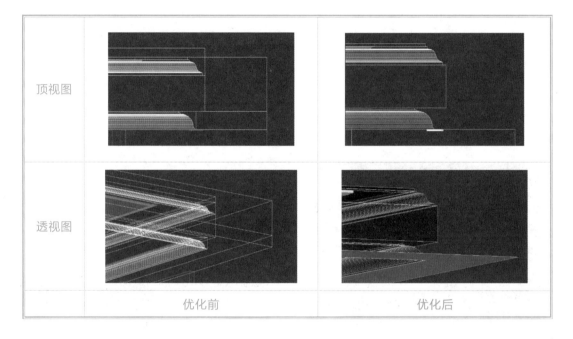

图 2.1.13 天花板吊顶优化

● 墙体的踢脚线：根据现实中的合理性，保证踢脚线的结构正确，删除脚线的靠墙面和底部的面，可以采取循环选择删除，脚线的尽头和墙面要对齐，合理地包裹墙体拐角处，如图 2.1.14 所示。

删除背面底面		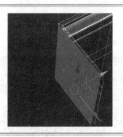

图 2.1.14 踢脚线的优化

5. 室内场景软装部分

软装是模型减面优化的重点，因为软装物体的数量多，模型复杂度高，所以要特别耐心地操作。如图 2.1.15 所示，左边是原始台灯模型，中图为优化后模型，面数少了很多。右图表示可将台灯的底座面删除，因为人视角难以看到，最后根据现实的合理性，补齐缺失的部分（台灯支架以及灯泡）。

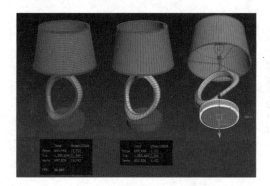

图 2.1.15 模型优化

手动减面：针对有规律布线的模型，使用石墨工具，选择间隔的循环线段并依次删除，建议设置快捷键来操作，如图 2.1.16 所示。

图 2.1.16 手动减面

具体操作如下所示，参考图 2.1.17。

步骤 1 选择模型的 1、2 根线段；

步骤 2 单击 Dot Ring 间隔环形；

步骤 3 单击 Loop 选择循环；

步骤 4 按【Ctrl+Backspace】组合键可同时删除线段和点。

提示：激活 Toggle Ribbon 选项，选择模型按数字键 2 直接进入线段级别（在未自定义快捷键的前提下，系统默认按键盘数字"1"为点级别、"2"为线级别、"3"为边界、"4"为面、"5"为元素，此方法适用于各种带子分类的对象），在 Modeling 栏中找到 Loop、Ring 模块操作。为了操作方便，建议设置 Loop 和 Dot Ring 的快捷键。

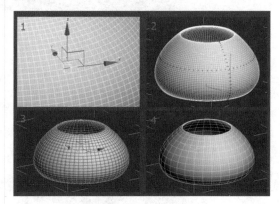

图 2.1.17 Loop 选择循环减面

● 自动减面：针对不能循环的布线模型，直接用 3ds Max 自带修改器减面，如 MultiRes（多分辨率减面）（见图 2.1.18）、Optimize（优化减面）以及 ProOptimize（专业优化）。也可自行安装外部插件。但要注意不可减面过度，否则将造成模型结构丢失，光滑组损坏等严重问题。

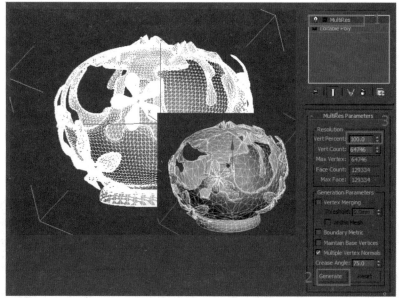

图 2.1.18 MultRes 修改器

6. 法线的反转

在制作过程中经常会遇到法线反转的问题，如图 2.1.19 所示的 A 模型，法线的官方意思是始终垂直于一个平面的虚线，法线反转也就是这个面反了。整个模型的面反了后，导致看上去像是空心的。这时候给模型一个 Normal（法线）修改器，然后转换成可编辑多边形。

7. 光滑组的平滑

如图 2.1.19 所示的 B 模型，枕头的表面看上去是由很多方块排列的，或表面有错误的黑面，这是光滑组出现了问题。这时给模型一个 Smooth（平滑）修改器，然后转换成可编辑多边形即可解决。

图 2.1.19 法线的翻转和光滑组问题

8. 控制场景的模型数量

为了合理利用资源，尽量减少场景的物体个数。如图 2.1.20 所示，在某范围内的多个物体，可将这些零散的物体合并成一个，比如某些工艺品、植物、吊灯灯坠等。

图 2.1.20 合并多个物体

提示：合并模型的同时要考虑到模型的面数，如果超出范围，需把它拆分成合适范围的几个物体。

9. 整体场景和单模型的面数控制

经过对 UE4 引擎的无数次测试，以及项目制作的经验来看，尽可能将单个室内空间的模型面数控制在 100 万以内，单个模型的面数尽量控制在 5 万面左右。虽然 UE4 引擎很强大，支持极限远不止如此。但是我们一直秉承着以极简为美的工作态度去完成项目，所以这个数值提供给大家作为参考。

10. 挡光盒体的创建

在模型优化完毕后，由于场景的墙体都是单面模型，为了防止漏光现象，需创建一个包裹整个室内场景的盒体模型，如图 2.1.21 所示。

步骤 1 新建一个 BOX 模型，包裹整个场景；

步骤 2 将 BOX 转换成可编辑多边形，在对应窗户的位置开一个口，然后将那面捕捉到窗户的边缘对齐，使外面的阳光或环境光可以透过开口对室内产生光照；

步骤 3 最后选择盒子模型加上一个 Shell 壳修改器，给壳适当的厚度，让单面盒子变成双面的。

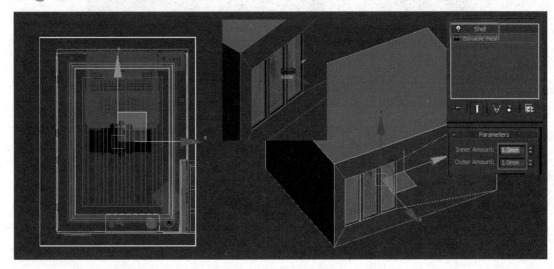

图 2.1.21 添加挡光盒体

11. 物体的重命名

为了方便管理，重命名所有物体。通过单击工具菜单下的 Rename Objects（重命名物体）命令→弹出对话框→填写名称→勾选下面按数字排序后缀排列→最后单击 Rename 按钮，如图 2.1.22 所示。

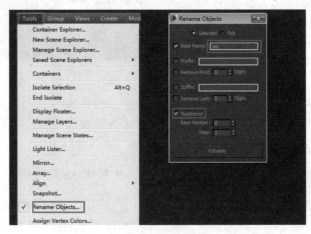

图 2.1.22 物体重命名

2.2 模型 UV 的制作

2.2.1 UV 的定义

"UV"指的是平面贴图坐标的简称。对应三维空间的贴图坐标是 UVW，类似于空间模型的 XYZ 轴。它定义纹理上每个点的位置信息。这些点与 3D 模型是相互联系的，用以确定表面纹理贴图的位置。

针对 UV 坐标的调整也就成为联系着模型和贴图的一个重要环节。一张 UV 的好坏直接影响贴图的表现。UV 贴图的编辑和贴图纹理的比例与尺寸有关。

可以理解成现实中一个方形的纸盒子，展开 UV 就相当于把盒子拆开摊平时的样子，如图 2.2.1 所示，上半部分为展开后的 UV，下部分演示柜子模型的一面在 UV 里的位置。

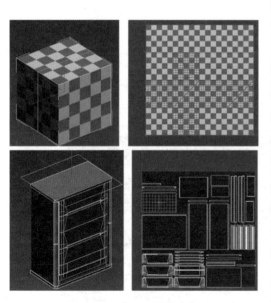

图 2.2.1 UV 的展示

2.2.2 场景原 UV 贴图错误的检查

检查原场景的 UV 贴图坐标是否有不合理的地方，比如物体表面纹理的大小、方向、清晰度，以及严重的拉伸变形等。这些原因基本上与

UV 没展好有着密切关联，如图 2.2.2 所示，列举了几个常见的 UV 问题。

图 2.2.2 常见的 UV 问题

a. 表示地板纹理的大小方向要和实际尺寸相符，使用 UVWMAP（UV 展开）修改器，调整好大小和方向，如图 2.2.3 所示。

图 2.2.3 地板 UV

b. 纹理的重复处理，某些图案需要在模型表面采取平铺的方式展示，如果出现重复纹理，首先检查是不是 UV 重叠在一起造成的，如果是就将其重新展开解决问题。如果不是，则考虑是否是贴图本身没处理好无缝对接。

c. 默认的 UV 展开类型有平面、圆柱、球形、收缩包裹、盒子、面、XYZ 真实空间等。通常如果一种类型不合适，可以逐个换几种类型试试，如图 2.2.4 所示。

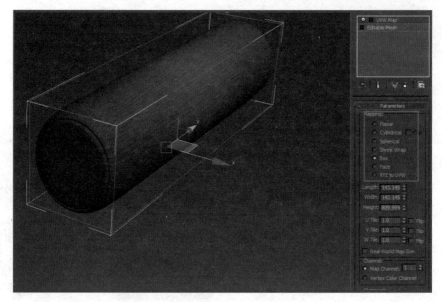

图 2.2.4 UV 展开类型

　　d. 手动解决抱枕的 UV 拉伸，如图 2.2.5 所示。

步骤 1 选中抱枕，添加 Unwrap UVW 修改器，单击 Open UV Editor ... 打开编辑器，按数字键 2 进入 UV 的线段级别。

步骤 2 选中抱枕想要切开部分的 UV 线，单击 Loop uv ▣ 循环选择一圈 UV；

步骤 3 单击 break ▣ 展开 UV；

步骤 4 按数字键 3 或者面级别按钮，全选所有 UV 面；

步骤 5 单击 Quick peel ▣ 快速剥皮选项展开 UV；

步骤 6 单击 ▣ 自由选择模式改变 UV 大小到合适程度。

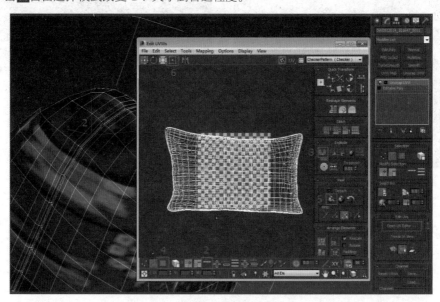

图 2.2.5 解决抱枕 UV 拉伸

2.2.3 光照贴图 UV 层的展开

在 VR 引擎里，只要有光就要模拟光照信息，光照信息有动态和静态之分，动态的好处是实时变化，但是相当消耗资源。在大多数制作过程中，基础环境光照信息是没有变化的，通常都需要制作一套静态光照贴图来模拟光照信息。因此就产生了光照贴图 Light Map 这一概念，如今光照贴图已经成为大部分游戏和 VR 制作的标准流程。

静态光照就是把光照信息转换成图片的形式存在，在 VR 引擎里需要光照贴图的模型都必须有两套 UV。基础纹理用一套，光照贴图用一套。在 3ds Max 或 UE4 环境中，材质和 UV 都存在着通道（Channel）的概念，在不同的通道里存放着不同的信息，彼此独立。ID（标签）是这个通道的名称，用通道来区分 ID1、ID2、ID3 等不同通道。材质和 UV 的通道可以是对应的，通常将材质通道 1 对应 UV 通道 1，材质通道 2 对应 UV 通道 2，这样制作场景更加条理清晰。VR 场景由于基层材质默认在通道 1 里面，将光照贴图设定在材质通道 2，因此就要在通道 2 里面展开 UV2 来匹配光照贴图。

为了更好地显示基础贴图纹理分辨率和节省操作时间，第一套 UV 可以重复叠加使用。第二套 UV 是用来烘焙光照贴图的，所以 UV 不能产生重叠现象，而且要最大化利用贴图空间的分辨率，如图 2.2.6 展示了茶壶模型两个 UV 通道的区别。

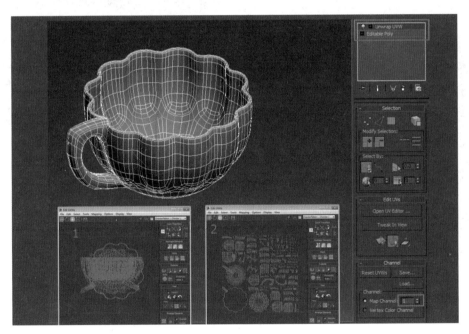

图 2.2.6　两组通道 UV

1. 单模型自动展 UV 的方法

步骤 1　选择一个茶杯模型，添加 UVW 展开修改器，单击 Open UV Editor（打开 UV 编辑）可查看通道 1 的 UV 形态，如图 2.2.6 所示的 1 部分。

步骤 2　找到 Channel 通道栏，将通道 ID ▣ Map Channel: 1 改成 2，此时会跳出一个警告框，Move 表示将通道 1 的 UV 移动到通道 2，Abandon 表示放弃 UV1 重新生成通道 2，单击 Abandon 按

钮，此时可看到编辑器里原先的 UV1 变
成了 UV2 形态，如图 2.2.7 所示。

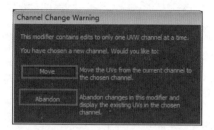

图 2.2.7

步骤 3 如图 2.2.8 所示，此刻编辑器里显示的
是 UV2 原始未展开形态。选择菜单栏
Mapping 下的 Flatten Mapping（展
平 UV）选项，弹出设置窗口，选择默
认参数单击 OK 按钮。系统会自动按参
数展开所有 UV，然后单击■自动排列
一下 UV，得到图 2.2.6 中的 2 部分。

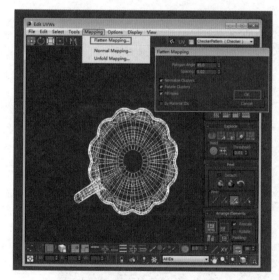

图 2.2.8　自动展 UV

2. 批量模型自动展 UV 的方法

为了节约制作时间，不可能对每个模型都
手动添加 UV 展开命令。在没有任何 3ds Max
辅助插件的前提下，可以利用 3ds Max 烘焙面
板进行批量展 UV，如图 2.2.9 所示。

步骤 1 全选场景中的所有模型，按数字键 0，弹
出 Render To Texture（渲染到纹理）
面板；

步骤 2 找到 Mapping Coordinates 栏，选择自动展开，展
开通道改为 2；

步骤 3 单击 Unwrap Only 开始自动展 UV，花费的时间与
所展物体数量和单个物体面数息息相关。

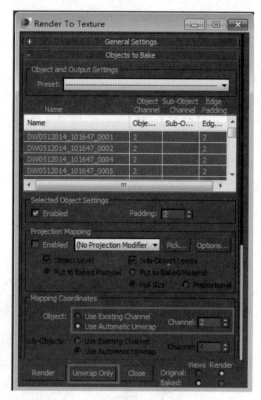

图 2.2.9　渲染到纹理面板

提示：展 UV 之前检查场景面数过多的复
杂物体然后保存 3ds Max。如果遇到 UV
展开过慢、未响应状态，启动计算机任务
管理器，观察 3ds Max 进程的内存有无变
化。如果有则耐心等待其结束，没有则说
明可能真的未响应，这时应选择结束并重
新打开 3ds Max 检查。

3. 手动展 UV 的方法

在进行 UE4 光照构建操作中，某些特殊模
型经常会出现错误的光照信息，因为并不是所有
自动展的 UV 都适合，一张好的光照贴图，必定
始于一张好 UV。

下面列举一些需要手动展 UV 的常见物体
的解决方法。

a. 复杂脚线的 UV，如吊顶脚线、踢脚线、欧式墙脚线结构等，如图 2.2.10 所示。

步骤 1 选择脚线，删除看不到的面，让模型处于不闭合状态。添加 Unwrap UVW，点开编辑器界面；

步骤 2 如果脚线是环形封闭状态，选择一根 UV 线段，单击 LOOP ▪▪▪ 循环一圈，单击▪▪▪断开（如果脚线不是环形闭合状态，可以忽略此步骤）；

步骤 3 点面级别全选 UV，单击▪▪▪剥开，单击▪▪▪松弛，多次单击▪▪▪伸直，直到所有 UV 面呈现均匀状态，单击▪▪▪自行缩放到最大化。

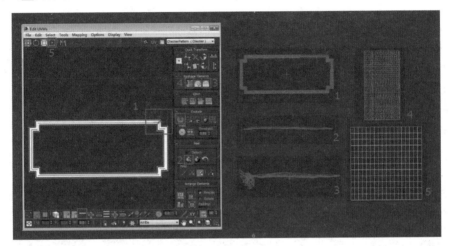

图 2.2.10 脚线展平 UV

b. 沙发椅、抱枕的 UV 展开

自动展出来的 UV 通常是不规则的，遇到复杂模型，会产生很多零散的 UV 碎片。在构建光照信息时，如果贴图的分辨率不够大，UV 的绿色边界会产生黑边。因此在展 UV 的时候，尽量减少UV 碎片数量，减少边界的产生。遇到闭合模型必须切出边界的情况，尽量将边界处切在不显眼或隐藏的地方。比如抱枕、沙发、床被等布料软皮类物体，可以用毛皮贴图，这样拉出来的 UV 是一个整体。

操作步骤如图 2.2.11 所示。

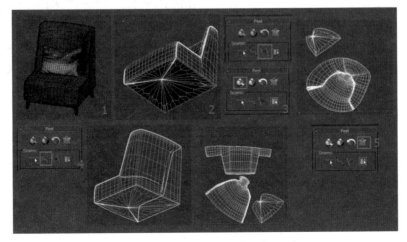

图 2.2.11 沙发椅 UV 切分（图片调换）

步骤 1 选择沙发椅添加 UV 展开修改器，打开 UV 编辑器，按数字键 2 来到线级别；

步骤 2 思考一下要从哪里切开口比较合适，通常把切口隐藏在沙发的底部。首先循环选中底部一圈，找到 UV 展开修改器里的 Peel 栏，单击■按钮切开 UV 线，先单击■，查看一下 UV 自动分成了上部分和底面，上部分的 UV 还是很复杂的，不建议用剥皮工具，还要将上半部分再切开；

步骤 3 还可以使用另一种方法，直接切开选择的 UV 线段。激活■点到点切开，先选择起始点再单击目标点，系统会自动选择最近距离连接两点并断开，如果遇到全是三角面的模型，无法循环选线，便可以采取这个方法。选择沙发椅上部分的结构凹槽处来做切口，然后单击■查看，显示 UV 自动分成了 3 块整体；

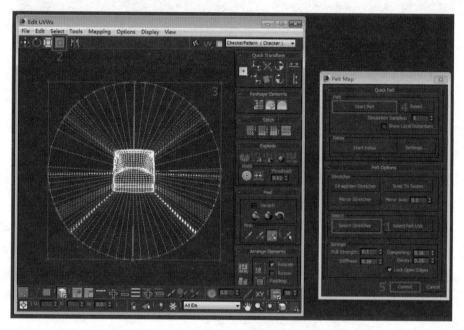

图 2.2.12 毛皮贴图工具

步骤 4 激活 UV 面级别，选择一块 UV 单击■，弹出 Pelt map（毛皮贴图）面板。此时 UV 编辑器里面会出现一个拉力圈，如图 2.2.12 所示。单击 Select Stretcher 按钮，选择拉伸器的控制点，单击■按住【Ctrl+Alt】组合键等比例放大拉伸器，拉动的范围越大，表示拉力越强，可将 UV 展开得更均匀。单击 Start Pelt 开始毛皮贴图，整个 UV 开始被慢慢拉成蜘蛛网的状态，单击 Commit 确认，即可完成这次毛皮贴图。选择剩下的 UV 依次重复操作，最后将 3 个 UV 进行排列，重点表现的 UV 占比大些，隐蔽的 UV 占比小些，如图 2.2.13 所示。

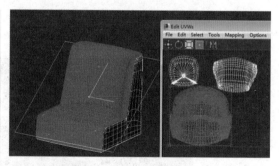

图 2.2.13 UV 展开最大化

抱枕的 UV 也是通过 Pelt 工具，从抱枕中间结构循环一圈切开口的，为了节约时间，不要将抱枕切成对半，因为对半要 Pelt 剥皮 2 次，通常留一个边不切，这样只要操作一次，如图 2.2.14 所示。

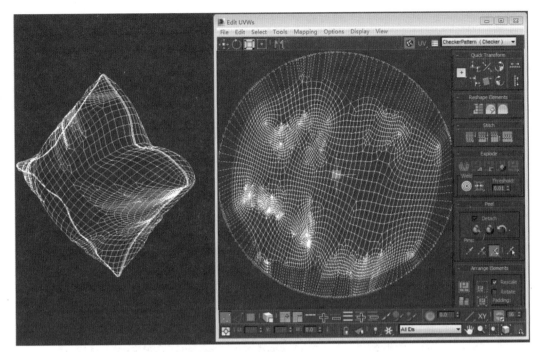

图 2.2.14 抱枕展开技巧

　　沙发腿的 UV 用自动展就可以，把 UV 重新排列得合理一点。最后检查 UV 有无重叠的地方，点开 UV 编辑器里的选择菜单选择重叠的多边形，如图 2.2.15 所示，如果有 UV 重叠的地方将显示红色选中状态。注意手动排列的 UV 不要超出贴图边界。

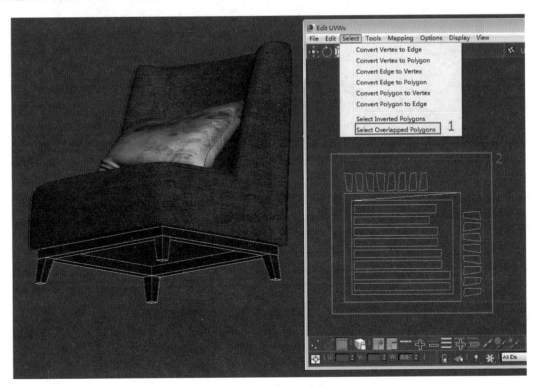

图 2.2.15 检查 UV 重叠

4.UV 的纯手动拼接、排列、标准规范

纯手动拼 UV 的情况在 VR 制作里比较少用，游戏行业中可能会用到的多些，游戏行业大多是先做好 UV 后再绘制贴图，对 UV 的完整性要求比较高。当然 VR 和游戏很多地方是相通的，而且要往游戏方面找借鉴，想要做高端的 VR 场景，就必须要了解游戏的制作流程，这里简述一下 UV 的拼接、排列和注意事项。

使用一个空间墙体做演示，自动展开会生成很多块零散 UV，将 UV 一个个拼接起来，减少空间浪费，如图 2.2.16 所示，选中一个墙面的 UV 边，编辑器里会用蓝色线提示出相对应的边，在右键快捷菜单中单击 `Stitch Selected`（缝合选中），相对应的另一块 UV 就会自动合并过来，依次操作，将所有面合并到一块重新排列。若要断开 UV 边可以在右键快捷菜单中选择 `Break`（炸开）。若在点级别编辑模式下，`Target Weld` 目标焊接比较合适，拖动点到想焊接的点，拖动时也会有目标点的提示。

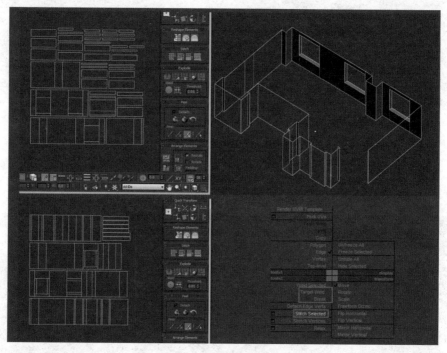

图 2.2.16 UV 排序

提示：

UV 的切口要尽量少，而且要切在隐蔽和视线上不醒目的地方。

排列 UV 时要充分利用空间，避免大面积空间像素的浪费。

尽量将 UV 摆正，特别是平行垂直的边，防止因分辨率不够，造成像素损失，如图 2.2.17 所示的左图是摆正状态，右图旋转 45° 时产生锯齿，因为像素是正方形的。

图 2.2.17 摆正 UV

2.3 3ds Max 材质和贴图的规范

2.3.1 3ds Max 的材质优化

1. UE4 支持的类型

现阶段 UE4 只支持 3ds Max 的 Standard 默认材质，其他渲染器材质暂不直接支持，所以通常将常用的 VRay、Mental Ray 等渲染器材质转换成默认材质。由于手动转换的工作量很大，可以利用一些外部插件进行不同渲染器材质的互转，插件只能把一些基础贴图转成默认材质，转换后会丢失掉反射、高光、半透明等信息。对于丢失信息在 UE4 中可进行二次添加。

2. 常见问题材质的处理

将场景导入 UE4 后，经常发现有很多材质信息会丢失。因为 3ds Max 材质除外部贴图信息，很多采用程序纹理。这些程序纹理在 UE4 里是识别不出来的，因此可以将程序纹理手动渲染成贴图，如图 2.3.1 所示。

图 2.3.1 程序纹理渲染

步骤① 在材质球上单击鼠标右键，选择快捷菜单中的 Render Map 弹出渲染选项。

步骤② 选中 Single 渲染单帧贴图，如果是动画纹理，选择渲染序列贴图，然后设置好保存路径。

步骤③ 单击 Render 弹出渲染图框，单帧可以直接保存，然后将渲染的贴图替换掉程序纹理。

常见程序纹理有 `Gradient` 渐变、`Noise` 噪点、`Mix` 混合等，这些程序可以用上述方式渲染成实际贴图。有些不可渲染的程序纹理，只能选择删除。3ds Max 的凹凸材质需要先换成法线贴图 `Normal Bump` 才能被直接识别（法线贴图转换将在处理贴图章节里做讲解，法线后期会在 UE4 里进行特殊设置）。

若某些特殊材质没有及时处理，将会导致 UE4 的后期操作中跳出错误。这里重点列举一些建

议替换掉的材质：VRay 包裹材质 VRayMtlWrapper 、替
代材质 VRayOverrideMtl 、混合材质 VRayBlendMtl 、双面
材质 VRay2SidedMtl 等。

2.3.2 贴图的规格

1. 格式的支持

官方表示 UE4 所支持的贴图格式有很多：
JPG、TGA、PNG、DDS、PDS、BMP 等。经
测试 3ds Max 的常用贴图格式，除 GIF 和 TIF
外，其他格式基本都支持。不过为了避免出错，
建议使用 JPG、TGA、PNG、PDS 常用格式。

2. 贴图的尺寸

从专业角度来讲，光栅化需要对纹理采样
进行快速取值，传入的图像必须是 2 的 N 次方。
所以不管是 VR 还是 Game 制作里，贴图都应
遵守这一规范。

由于技术的提升，很多引擎已经可以将任
意尺寸图自动拉伸或压缩成合适的规格，从而
实现任意尺寸的图片都可以接受。但凡是系统
自动功能，都会表现得不完美。比如经常会看
到场景里密集纹理的贴图会产生闪烁问题，遇
到这种情况检查一下它的贴图，若不是 2 的 N
次方，则需要修改成正确的贴图。常用尺寸：
64×64、128×128、256×256、512×512、
1024×1024、2048×2048。

提示：贴图长宽可以不等比，如
128×256、512×64。更改尺寸时要尽量
靠近原先贴图的尺寸，不能出现纹理拉伸
和压缩严重问题，如图 2.3.2 所示。

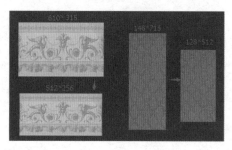

图 2.3.2 贴图尺寸

3. 贴图的命名

为了方便操作和识别，贴图尽量不要用中
文命名，不要重复命名，条件允许的话，可以用
自动命名工具重新进行排序。

4. 用 Photoshop 处理无缝贴图

在讲解基础材质的 UV 检查时，曾遇到过
有关无缝贴图的概念。无缝贴图的含义是当在三
维环境里需要将这张贴图重复平铺利用时，不能
出现明显的上下左右纹理对接不上的问题。

示例一：墙壁上重复的纹理、具有重复
纹理的地板和瓷砖，如图 2.3.3 所示。通过
Photoshop 将出现的常见有缝贴图进行无缝化，
具体步骤如下。

图 2.3.3 重复纹理贴图

步骤 1 用 Photoshop 打开有缝贴图→找到"滤
镜"菜单下的"其他"命令→单击"位移"
命令，如图 2.3.4 所示。

图 2.3.4 找出位移工具

步骤 2 将位移的未定义区域设置成"折回"→将水平和垂直数值任意偏移一定距离，比如水平往左偏移的所有像素通过折回的方式会从右边出现，类似 LED 广告的原理，如图 2.3.5 所示。

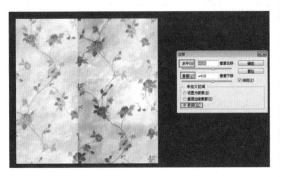

图 2.3.5　使用位移工具

步骤 3 如图 2.3.6 所示，使用常用工具来解决这块有缝区域的差异，因为这张贴图重复的纹理较大，不能从旁边纹理复制过来替代，只能手动用减淡工具将颜色偏重的部分弱化，然后用修补工具或者图章工具，将明显的界限涂抹均匀。

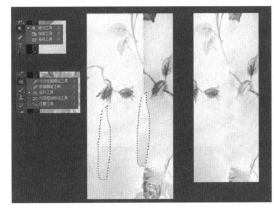

图 2.3.6　处理贴图

如图 2.3.7 所示为处理后的贴图。

图 2.3.7　处理后的贴图

示例二：有缝的大理石，如图 2.3.8 所示。

图 2.3.8　大理石案例

操作同上墙纸案例，这张贴图操作的方便之处在于贴图纹理的密度小，只要将重复的几个大块花纹去除即可。具体操作为通过反复操作几次位移，直到让相同纹理消失，如图 2.3.9 所示。

图 2.3.9　去除不使用的花纹

由于贴图是大理石瓷砖，需要再加上瓷砖的缝隙。通过单击"单列选框工具"→依次单击图片的两个边→填充地板砖缝的颜色，如图 2.3.10 所示。

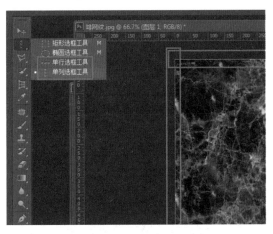

图 2.3.10　地板砖缝添加

地板的最终处理效果如图 2.3.11 所示。

图 2.3.11 最终处理效果

5.Photoshop 转换法线贴图

在 Photoshop 中安装一个 Normal Map 的插件（插件的获取和安装不在本书内容范畴，可自行网上查阅）。将原来贴在 3ds Max 凹凸材质上的贴图拖到 Photoshop 中，单击"滤镜"→ Nvidia Tools → Normal Map Filter 弹出菜单，按不同参数转换成理想的法线贴图，

单击 3D Preview 按钮可以简单查看法线凹凸的效果，如图 2.3.12 所示，单击 OK 按钮确认。关于法线的讲解和创建部分，将在 3ds Max 中的烘焙一节里做阐述。

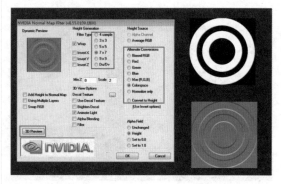

图 2.3.12 法线贴图的 Photoshop 转换

2.4 3ds Max 的贴图烘焙技术

2.4.1 烘焙的原理

通常所说的烘焙，可以解释为 Texture Baking(材质烘焙)或 Render To Textures(渲染到纹理)。例如，把 3ds Max 的光照信息渲染成贴图，再把这张贴图重新贴回场景中去，这样就不需要 CPU 重新计算那份光照信息。

例如烘焙法线贴图，既可以将复杂的模型结构转化为贴图的形式来表现，从而降低模型的面数，又可以将多个材质纹理烘焙合并成一张贴图使用，降低贴图的使用数量。操作的目的最终起到的是场景优化作用，烘焙技术是优化场景的一大利器。

图 2.4.1 烘焙效果图

2.4.2 高模烘焙低模

1.Normal Bump（法线凹凸）

概念：简单理解为用图片的形式表现 3D 凹凸的效果，比如一面带砖缝或浮雕纹理的墙面，如果没有法线，只要视角稍微变化到侧面，会看到这面墙很平整，缺失凹凸感；当我们加上法线贴图,在所有视角上都可以看到凹凸的立体效果。

2. 法线贴图

由三种颜色组成，红色通道编码法线方向的左右轴，绿色通道编码上下轴，蓝色编码垂直轴。因此通过这三原色，就可以得到任何凹凸的效果。法线的制作方法有很多，早期甚至有一些大师用 Photoshop 手绘出法线，如今可以通过很多软件来实现。

3.Ambient Occlusion（环境光遮蔽）

概念：Ambient Occlusion 简称 "AO"，它模拟全局照明中间接光照的阴影关系，能更好地叠加出模型结构处的阴影细节，使场景显得更有纵深感、更有层次。

示例：通过沙发凳来做演示。

步骤 1 选择一个需要烘焙处理的高分辨率模型（简称高模），原地复制一个进行减面优化（或者自建一个低面数模型），作为低分辨率模型（简称低模）使用，如图 2.4.2 所示。低模应该具有高模的形状和轮廓，通常低模应该稍大一些包裹住高模，因为高模会将细节投影显示到低模上。

图 2.4.2 制作低模

步骤 2 选择低面数模型添加 UV 展开修改器，在

UV 通道 3 中展好 UV，用来生成法线贴图，合理排列 UV，不要重叠，如图 2.4.3 所示。

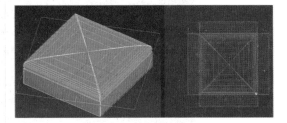

图 2.4.3 展开低模 UV

步骤 3 如图 2.4.4 所示，通过将渲染器改成默认扫描线，优化一下渲染参数，更改抗锯齿方式为 Mitchell-Netravali，启用全局超级采样器 ☑ Enable Global Supersampler，改为 Hammersley 方式。在高级照明模板下，选择 Light Tracer 光线跟踪，光线采用值改为 400 Rays/Sample: 400（数值越大渲染质量越好，相应地会消耗更多渲染时间）。最后在场景中添加一个天光 Skylight，参数保持默认，保证后期输出 AO 贴图。

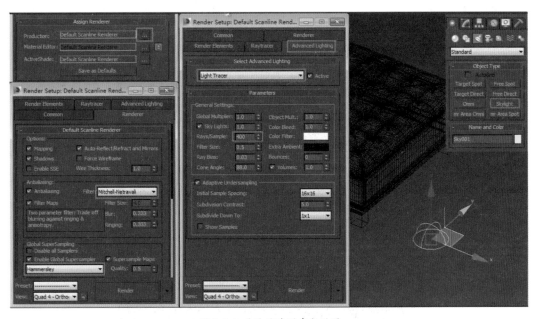

图 2.4.4 更改渲染器参数设置

步骤 4 如图 2.4.5 所示，将低模和高模重叠，以低模稍微包裹高模最佳。选择低模后按数字键 0，打开烘焙面板：1.设置好路径；2.低模呈选中状态；3.单击 Pick 按钮；4.选择高模后添加；5.选

择 Ues Existing Channel（使用现有通道），将通道改成 3 通道（上一步的低模 UV 展在第三层）。

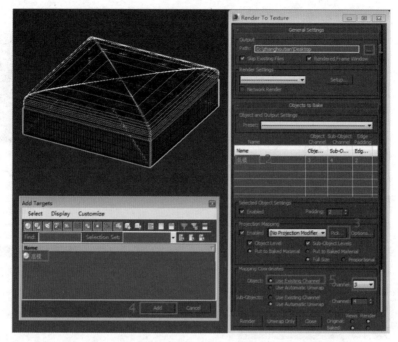

图 2.4.5 使用渲染器制作

步骤 5 单击添加高模时，低模会被加上一个 Projection（投影）修改器，如图 2.4.6 所示的蓝色线框。通常自动包裹投影线框大都是错误的，需要手动设置一下参数。找到 Cage（框架）栏，单击 Reset 复位蓝色线框，在参数 Amount（数量）和 Percent（百分比）后面推拉数值，直到蓝色的映射范围完全包裹住高低模。

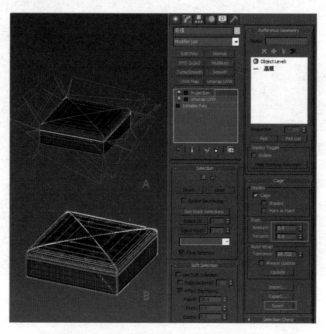

图 2.4.6 A（错误包裹）和 B（正确包裹）

步骤 6 如图 2.4.7 所示，6 为单击 Add 按钮添加贴图种类选项；7 选择法线贴图和光照贴图（如果当前是 VRay 渲染器，那么所选类型必须是 VRay 类的贴图，否则烘焙时 3ds Max 会有跳错崩溃的风险）；8 选择贴图的分辨率，建议全部为 1024 或更大，后期再根据所需用 Photoshop 改小尺寸；9 单击 Render 按钮开始烘焙；10 得到法线贴图和光照贴图（此处光照贴图可作 AO 贴图使用）。

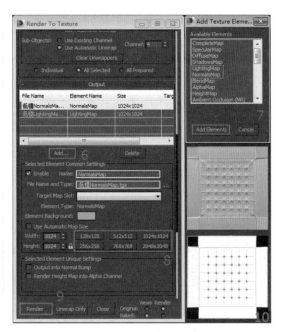

图 2.4.7 烘焙流程

步骤 7 烘焙好的法线可以在 3ds Max 里观察效果。1 选择一个材质球；2 在凹凸贴图里选择 Normal Bump（法线凹凸）；3 添加法线贴图；4 进入贴图级别，将 3 贴图改为 3 通道；5 最后回到材质球首菜单，在材质球的显示方式下拉菜单中选择逼真级别，便可以在场景中观看实时的法线凹凸效果，如图 2.4.8 所示。

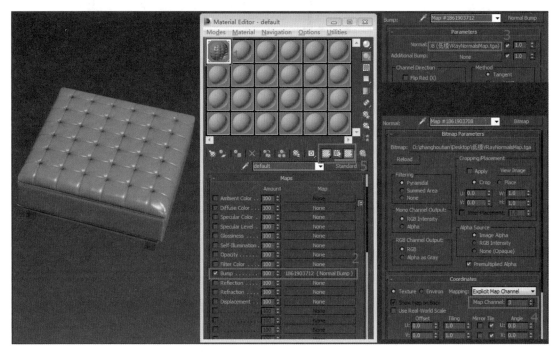

图 2.4.8 使用法线贴图

2.5 3ds Max 场景导入 UE4

2.5.1 3ds Max 模型的导出

1. 3ds Max 模型的整体导出

经过前面的学习，已经优化过所有的模型，导出之前建议再次检查一遍场景单位、贴图路径等，随后再进行场景的导出。

步骤 1 选择场景中的所有模型，单击3ds Max 开始菜单→导出所选物体→设置好路径和项目名称（尽量不要出现中文名），格式选择 FBX，如图 2.5.1 所示。

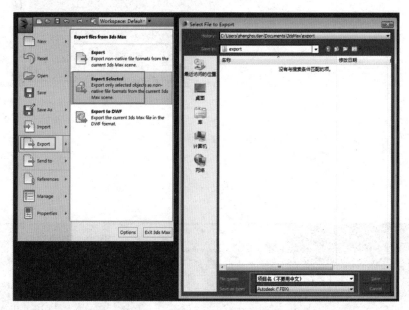

图 2.5.1 模型导出 FBX 格式

步骤 2 FBX 格式导出内容的设置根据各自的需求进行勾选，如图 2.5.2 所示。

选项	备注
Smoothing Groups（平滑组）	建议勾选
TurboSmooth（涡轮平滑）	建议勾选
Preserve edge orientation（保留边缘方向）	建议勾选
Embed Media（嵌入媒体）	建议勾选
Centimeters（厘米）	建议使用厘米
Axis Conversion（轴转化）	建议使用 Z-up
FBX File Format（格式选项）	类型用 ASCII 制和 2012 版本

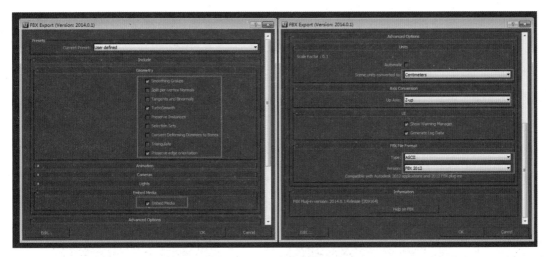

图 2.5.2 FBX 格式参数设置

提示：整体导出的场景在 UE4 里，所有物体的坐标都在世界中心点上。这导致后期在 UE4 里单独操作模型会显得不太方便，好处是可以一次性导入，一定程度上可以节约时间。

2. 3ds Max 模型的单体导出

根据不同项目的需要，可能要在 UE4 里进行特殊物体自身轴的位移、旋转和缩放等操作（如门的推开或角色手动对物体的拖曳、移动等），这时候整体导入方法则不再适用，因为它们的坐标不在自身。需要单独导出这些特殊可移动物体。操作参考如图 2.5.3 所示。

步骤1 选中物体，找到 ⬛🔧⬛ Hierarchy（层次）栏。将坐标归物体自身，然后尽量将坐标移动到物体底部（门的轴心坐标在门的一侧）。

步骤2 退出坐标编辑模式，将物体坐标归零，把物体移动到世界中心，然后选择逐一导出。也可以将多个特殊物体坐标统一操作，然后同时导出，导出设置同上。

提示：UE4 中归零物体若要和原先位置对齐，可以记录原先 3ds Max 里的坐标位置，导入 UE4 中再做更改。

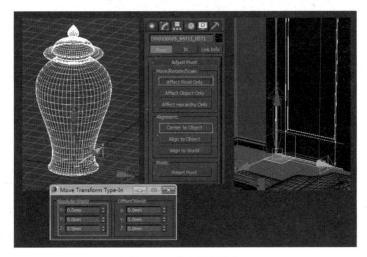

图 2.5.3 单个模型导出

2.5.2 FBX 文件导入 UE4

对于 3ds Max 导出的 FBX 格式文件，需要将它们导入 UE4 中，才可以进行使用，这时需要进入场景进行导入操作。具体步骤如下。

步骤 1 打开 UE4，新建一个项目工程文件，在目录里新建一个存放场景模型的文件夹，单击 Import（导入）按钮，找到上一节导出的 FBX 文件，单击打开按钮，显示导入进度条，如图 2.5.4 所示。

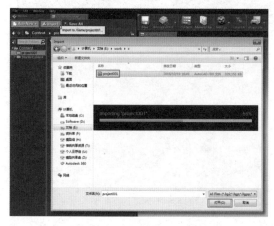

图 2.5.4 将 FBX 文件导入 UE4

步骤 2 弹出 FBX 导入选项设置→取消勾选 Auto Generate Collision（自动添加碰撞）、Generate Lightmap UVs（生成光照 UV）、Combine Meshes（合并网格）→勾选 Import Materials（导入材质）和 Import Textures（导入贴图）→单击 Import All（导入全部）按钮，如图 2.5.5 所示。

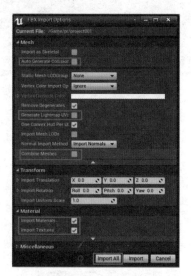

图 2.5.5 参数设置

步骤 3 模型全部导入后，按【Ctrl+A】快捷键选择所有 Static Mesh（静态网格物体模型），拖到场景中，将世界坐标归零，如图 2.5.6 所示。

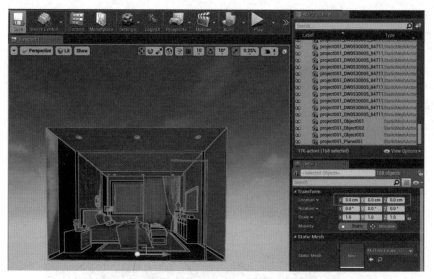

图 2.5.6 Static Mesh（静态网格物体模型）放置场景

2.6　本章小结

所谓"九层之台，起于垒土；千里之行，始于足下"。高品质的 VR 场景需要从基础步骤做起，基础对于提高整个场景质量和模型创建效率起着非常大的作用。

回首此章节，我们已经学习了前期的制作流程、操作规范、注意事项等。UV 处理占据重要环节，如果没有处理好 UV 对后期 UE4 中的后期操作产生巨大影响，在一定程度上将会消耗更多精力和时间。读者们在学习教材内容原理后需要进行多次实际操作以提高技巧。

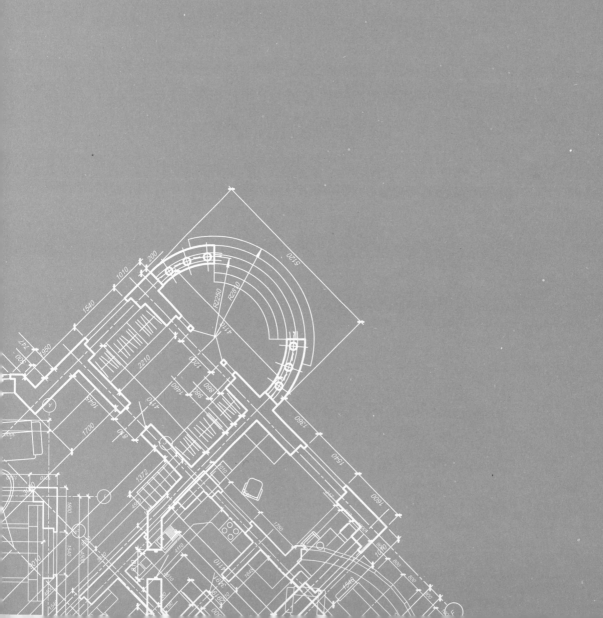

第 3 章

虚幻引擎 4 材质

本章学习重点

※　了解材质工作界面，对材质编辑器界面各板块功能进行学习。

※　了解材质各种表达式，进行系统的学习与运用各类材质节点。

※　了解室内常规材质球并进行简单制作。

3.1 材质概念

材质，浅义来看是可以应用到网格物体上的资源，用它可控制场景的可视外观。从较高的层面上来说，就是把材质视为应用到一个物体上的"描画"。材质定义组成该物体所用的表面类型，可以定义它的颜色、光泽度和是否能看穿该物体等。

用更为专业的术语来说，当穿过场景的光照接触到表面后，材质被用来计算该光照如何与该表面进行互动。这些计算是通过对材质的输入数据来完成的，而这些输入数据来自一系列图像（贴图），以及数学表达式和材质本身所继承的不同属性设置。

虚幻引擎 4 使用基于物理的着色器模型。说明它并不是使用任意属性（比如漫反射颜色和高光次幂）定义一个材质，而是使用和现实世界更加相关的属性定义材质。

3.1.1 材质工作界面

（1）通过使用一个场景来进行解析。打开一个已经导入场景模型的项目，这时候前期场景模型的材质都是未经过处理的。在进行材质制作前需要设置一个步骤，打开 Filters（过滤器）把所需要显示的基本内容显示出来，方便后续对场景进行制作。具体步骤如图 3.1.1 所示。

首先选择主菜单中的 Content（内容）→ Filters（过滤器）命令，选中过滤器下拉菜单中的 Material（材质）、Static Mesh（静态网格物体）、Texture（贴图）复选框→单击"材质"按钮，同时"材质"按钮前将出现绿色框，表示已经选中 Material 内容（任意选中其他两个按钮，按钮前都会有颜色）。室内场景制作主要涉及这三个内容，可以根据需要勾选所需要的其他资源。

图 3.1.1 Filters（过滤器）界面

（2）进入场景中，单击场景中的任意一个网格物体，选择墙体（选中网格物体周边会有黄色线框并且有坐标标志）。可以看到，在主面板中出现 AB（左右）两个板块的材质球。A 面板（左边）里的材质显示的是 Content 项目资源中的所有材质球。B 面板（右边）显示的是 Detail 细节面板中当前所选中的材质球，如图 3.1.2 所示。在默认情况下，如果未选中场景中的静态网格物体，此面板将不显示。

图 3.1.2 材质球显示

在此界面中可以把任意一个材质球赋予到任意网格物体上。例如，把场景中的地板材质变成墙体的材质而不需要再次对地板材质进行重新制作。

步骤 ① 首先单击场景中的墙体，此时 B 面板出现墙体材质球→在墙体材质球板块找到搜索的符号 🔍 →选择此搜索符号后发现 A 面板（左边）将显示出墙体材质球，且材质球背景色以黄色高光显示，如图 3.1.3 所示。

图 3.1.3 选中墙体材质球

步骤 2 选择所要赋予墙体材质球的地板（前提是确保已经搜索到墙体材质球并选择它），如图 3.1.4
所示。

图 3.1.4　选中地板

单击右边地板材质球里的箭头标识，墙体材质球即可被赋予到地板上，如图 3.1.5 所示。

图 3.1.5　材质箭头标识

通过使用最简单的方式来获取材质球。搜索出墙体材质球→在 A（左边）面板中选中墙体材质
球→拖曳材质球到地板即可，如图 3.1.6 所示。

图 3.1.6　获取材质球方式

3.1.2 材质编辑器

UE4 中的材质球与 3ds Max 中的材质球在一些功能和作用上大同小异，但是它们制作的形式是不一样的。在 UE4 中双击任意一个材质球所打开的面板为材质编辑器界面，在此编辑器中可以制作出想要的材质艺术效果，材质所表现出来的属性、质感都是通过此面板操作来实现的。

1. 材质编辑器界面

（1）通过双击材质球，即可直接打开材质编辑器界面，如图 3.1.7 所示。

图 3.1.7 双击材质球

打开后出现的面板如图 3.1.8 所示。

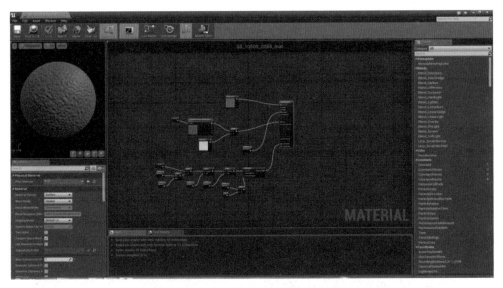

图 3.1.8 材质编辑器界面

（2）材质编辑器也可以通过新建材质进行打开，创建材质球具体方法如下所示。

方法一：在 Content Browser（内容浏览器中）的 Content → Filters（过滤器）下方的空白处，用鼠标右键单击→在弹出的快捷菜单中单击 Material（材质）→按【F2】键对材质球进行重新命名，如图 3.1.9 所示。

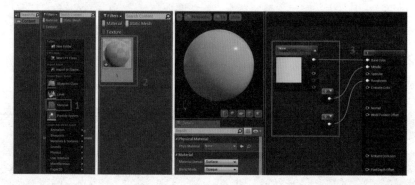

图 3.1.9 创建材质球

方法二：在内容浏览器中的 Content（内容）文件夹中单击鼠标右键，在弹出的快捷菜单中选中 Add New（新建）命令，在下拉菜单中选择 Material（材质）即可，如图 3.1.10 所示。

图 3.1.10 创建材质球方式

2. 材质编辑器界面介绍

在材质编辑器界面中有六大板块，理解六大板块的内容更加有利于材质的表现，如图 3.1.11 所示。

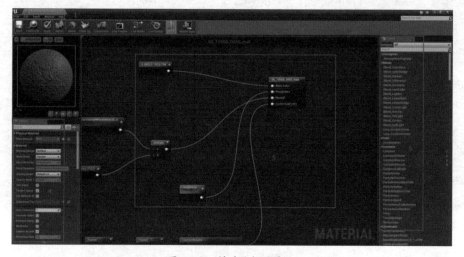

图 3.1.11 材质编辑器界面

从图 3.1.11 可以了解到各板块内容及每个版块内容所涵盖的作用。以下列表为材质编辑器界面六大板块的基本介绍。

1	Menu Bar（菜单栏）	列出当前材质的菜单选项
2	Tool Bar （工具栏）	包含材质使用工具
3	Viewport Panel（视口面板）	预览材质在网格体上的效果
4	Details Panel（细节面板）	列出材质、所选材质表现或函数节点的属性
5	Graph Panel（图表面板）	显示创建材质着色器指令的材质表现和函数节点
6	Palette Panel（调色板面板）	列出所有材质表现和函数节点

1）File（菜单栏）介绍

图标	名称	描述
	Save（保存）	保存材质，在调整材质中要记得经常保存，以防丢失
	在内容浏览器中查找	可以搜索到此材质在内容浏览器中的位置
	Apply（应用）	应用已修改过的材质
	Search（查找）	查找想要的材质节点的位置
	Home（主界面）	返回到材质编辑主面板中心
	Clean Up（清除）	清除没有使用或者没有连接的节点
	Connectors（连接器）	显示或隐藏未连接的材质节点
	Live Preview（实时预览）	切换实时更新预览材质
	Live Nodes（实时节点）	实时更新每个材质节点中的材质
	Stats（统计数据）	统计节点中的错误和问题
	Mobile Stats（移动数据）	在移动数据中显示的效果

2）Details（细节）面板

概念：此面板包含当前选中材质表现和函数节点。如未选中 Graph Panel（图表面板）中的节点，将显示系统自带的编辑中材质的属性，如图 3.1.12 所示。

图 3.1.12 Details（细节）面板

3）Viewport（视口）面板

视口面板显示应用到网格体的材质（正处于编辑中），从视口面板可以看到制作出的材质质感。通过如下方式可与视口进行互动，如图 3.1.13 所示。

- 通过拖曳鼠标左键来旋转网格物体。
- 通过拖曳鼠标中键来平移网格物体。
- 通过拖曳鼠标右键来缩放网格物体。
- 通过按下【L】键并拖曳鼠标左键来旋转光源的方向。

图 3.1.13 左图材质为墙体材质，右图材质为木纹材质

3. 图表功能键

材质编辑器中的功能键通常和虚幻编辑器中其他工具的功能键相匹配。例如，用其他连接对象编辑器的方式在材质表现图表中导航，材质预览网格体可根据其他网格体进行导向等。

鼠标功能键	操作
在背景上拖动鼠标右键	鼠标右键平移材质表现图表
旋转鼠标滚轮	放大 / 缩小
鼠标左键加右键拖动	放大 / 缩小
在对象上按下鼠标左键	选择表现 / 注释
在对象上按下 Ctrl + 鼠标左键	切换选择表现 / 注释
Ctrl + 鼠标左键拖动	移动当前选择 / 注释
Ctrl + Alt + 鼠标左键拖动	框选
Ctrl + Alt + Shift + 鼠标左键拖动	框选（添加到当前选择）
在引角上拖动鼠标左键	移动连接（在同类引角上松开）
从连接拖动鼠标左键	移动连接（在同类引角上松开）
在引角上 Shift + 鼠标左键双击	标记引角。在已标记的引角上再次执行此操作将在两个引角之间建立连接。通过此法可快速创建长距离连接

续表

在背景上按下鼠标右键	弹出 New Expression 菜单
在对象上按下鼠标右键	弹出 Object 菜单
在引角上按下 Alt + 鼠标左键	断开到引角的所有连接

键盘功能键	操作
Ctrl + B	在 Content Browser 中进行寻找
Ctrl + C	复制选中的表现
Ctrl + S	全部保存
Ctrl + V	粘贴
Ctrl + W	生成选中对象的副本
Ctrl + Y	重做
Ctrl + Z	撤销
Delete	删除选中的对象
空格键	强制更新所有材质表现预览
Enter	和单击应用相同

4. 贴图导入导出指南

在场景制作中，当出现一些不符合标准的贴图（如有缝、贴图分辨率不符合的常规贴图）时，需将它们在 UE4 中导出进行处理使用。下面介绍贴图导入导出的流程。

1）导入图片 / 贴图

通过两种方法可以把图片导入到 UE4 中使用。

方法一：在 Content Browser（内容浏览器）中单击 Import（导入）→找到图片位置选中图片→单击 Open（打开）按钮即可导入图片 / 贴图，如图 3.1.14 所示。

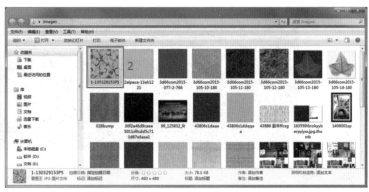

图 3.1.14 导入贴图 / 图片

方法二：最简单的方式就是选中需要的图片 / 贴图，直接拖曳进 Content Browser（内容浏览器），如图 3.1.15 所示。

出的快捷菜单中选中 Asset Actions（资源操作）命令→选中 Export（导出）命令→最后把贴图放进指定文件夹即可，如图 3.1.16 所示。

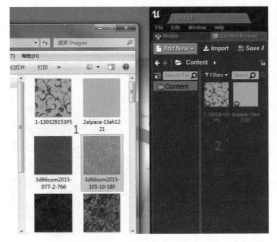

图 3.1.15 拖曳导入

2）导出图片 / 贴图

在所要导出的贴图上单击鼠标右键→在弹

图 3.1.16 导出图片 / 贴图

3.2 虚幻引擎 4 材质

3.2.1 材质表达式

概念：材质表达式是 UE4 中的构建块，用来创建功能完整的材质。每一个材质表达式都是独立的黑匣，它输出一个或多个特定值的集合，或者对一个或多个输入执行单一操作，然后输出该操作的结果，如图 3.2.1 所示。

图 3.2.1 材质表达式

示例：从 Texture Sample 材质表达式可以了解到以下信息，如图 3.2.2 所示。

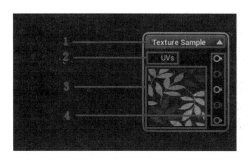

图 3.2.2 表达式信息

1. 标题栏：显示材质表达式名称或材质表达式属性的相关信息。

2. 输入：此链接用于接收材质表达式所要使用的值。

3. 预览：显示材质表达式输出值的预览。启用实时更新后，预览将自动更新。

4. 输出：这些链接用于输出材质表达式操作的结果。

1. 常用材质表达式类型

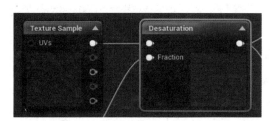

颜色

常量

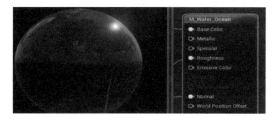

材质属性

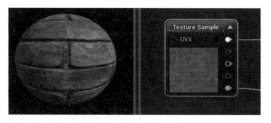

材质纹理

函数

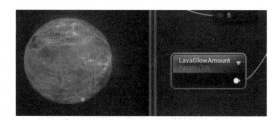

参数

1）大气表达式

● AtmosphericFogColor（大气雾颜色）

概念：此材质表达式用来在全局空间中的任意位置，查询关卡的大气雾当前颜色。使用 AtmosphericFogColor（大气雾颜色）让材质逐渐融入远方的雾颜色时非常有用。如果没有向其输送全局位置，那么将使用相关像素的全局位置。

示例：使用 AtmosphericFogColor（大气雾颜色）节点来设置 Base Color（底色），并且 World Position（全局位置）接收一个简单网格，该网格查询相对于摄像机位置而言始终位于对象后方 50000 个单位处的位置，如图 3.2.3 所示。

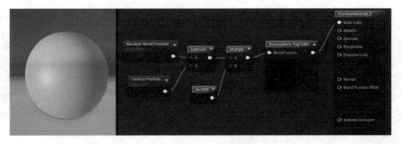

图 3.2.3　AtmosphericFogColor（大气雾颜色）

2）颜色表达式

● Desaturation（去饱和度）

概念： Desaturation（去饱和度）表达式对其输入进行去饱和度，根据特定百分比将其输入的颜色转换为灰色阴影。亮度系数（Luminance Factors），指定每个通道对去饱和度颜色的影响量，此属性确保在去饱和度之后，绿色比红色亮，红色比蓝色亮。

小数（Fraction），指定要应用于输入的去饱和度数量。此百分比的范围是 0.0（完全去饱和度）；1.0（完全原始颜色，不去饱和度）。

示例： 使用一张彩色贴图，在连接 Desaturation（去饱和度）表达式后，图片最终变成灰色，通过使用一个常量数值 0 ～ 1 来控制图片饱和度变化，如图 3.2.4 所示。

图 3.2.4　Desaturation（去饱和度）

3）数学表达式

材质表现形式类型中有它独特的数学表现形式，UE4 中涉及很多知识点，在 VR 室内材质制作中主要介绍以下几种类型。

● LinearInterpolate（线性插值）

概念： 首先在 LinearInterpolate（线性插值）表达式这个节点可以看到有三个输入值，分别为 A、B、Alpha（阿尔法），而在这三个输入值中，A 和 B 两个值的参数进行混合后，通过 Alpha（阿尔法）的强度可以从两个值中获得颜色的比例。

1. 当 Alpha（阿尔法）数值为 0，A 和 B 通过连接输入 Alpha（阿尔法）通道最终输入值为 A 输入。

2. 当 Alpha（阿尔法）数值为 1，那么最终输入的值偏向于 B。

3. 当 Alpha（阿尔法）数值为 0.5（颜色为灰色）时，那么最终输出的数值是 A 和 B 的混合。LinearInterpolate（线性插值）经常用于一些混合的材质中，比如两种颜色混合出来的最终颜色或者两种贴图，通过 Alpha（阿尔法）调节出所需要的最终输入，如图 3.2.5 所示。

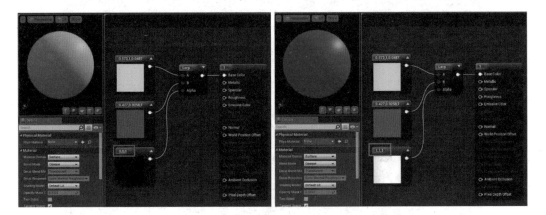

图 3.2.5　左右两张图输出值不同

提示：在图 3.2.5 中，左图由于 Alpha（阿尔法）数值为 0，最终输出为 A 输入的值。右图 Alpha（阿尔法）数值为 1 时，最终输出数值为 B。

4. 当 Alpha（阿尔法）数值为 0.5 时，材质最终输出为 A 与 B 的混合也就是两者的一个中间值，如图 3.2.6 所示。由此可知，当需要的最终输入值偏向于 A 或 B 的时候，可以根据需要把 Alpha（阿尔法）数值调节到 0～1 数值之间。LinearInterpolate（线性插值）根据参数值"阿尔法"（Alpha）在 A 与 B 之间执行按通道插值。

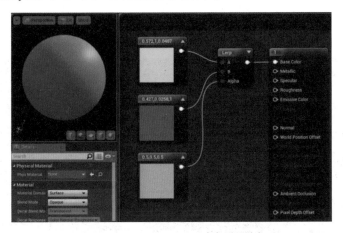

图 3.2.6　LinearInterpolate（线性插值）

● Multiply（乘）

概念：Multiply（乘）表达式接收两个输入，将其相乘，然后输出结果。类似于 Photoshop 的多层混合。乘法按通道进行，即，第一个输入的 R 通道将乘以第二个输入的 R 通道，第一个输入的 G 通道将乘以第二个输入的 G 通道，以此类推。除非其中一个值是单个浮点值，否则两个输入必须具有相同数目的值。Multiply（乘）通常用来使颜色／纹理变亮或变暗。

示例一：在地板材质连接的 Normal（法线）中，使用 Multiply（乘）连接地板的纹理贴图，其中 A 输入的一张贴图是已经制作好的法线凹凸贴图，B 输入的是一个可以随意调节颜色的三维向量。A 和 B 相乘为材质最终效果，如图 3.2.7 所示。

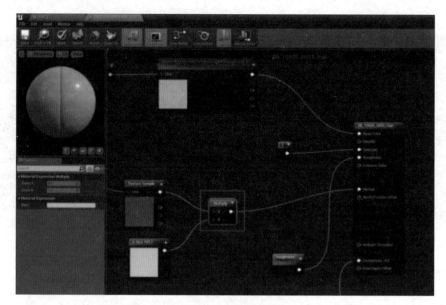

图 3.2.7 Multiply（乘）

提示：创建此节点方式：通过在材质编辑器的图形区域中按住【M】键并单击鼠标左键，可快速创建 Multiply（乘）节点。

示例二：在沙发布料材质制作中，制作一个混合的材质，使用两个 Multiply（乘），通过 Fresnel（菲涅尔）实现沙发材质质感，沙发表面布料肌理更加柔和，而不是生硬的纹理布料，如图 3.2.8 所示。

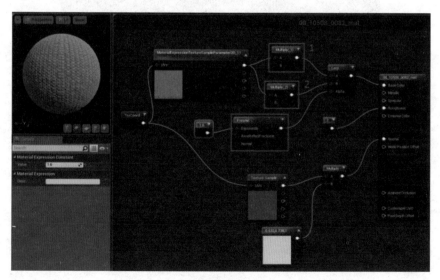

图 3.2.8 Multiply（乘）

● Add（加）

概念：Add（加）表达式接收两个输入，将其相加，然后输出结果。这个加法运算按通道执行，这意味着输入的 R 通道、G 通道和 B 通道等将分别相加。两个输入必须具有相同数目的通道，除非其中之一是单个常量值。常量可以添加到具有任意数目输入的矢量。

　　示例一：Add（加）通常用来使颜色变亮 / 变暗。当对 0.2 和 0.4 执行 Add（加）时，两个值输出的结果是数值 0.6；如图 3.2.9 所示，当使用为（0.2，0.6，0.4）和（0.5，0.3，0.2）执行 Add（加）的时候，其两个值输出的数值结果为（0.7，0.9，0.6）。创建一个三维向量为（0.7，0.9，0.6）的值进行对比，发现两者颜色是一样的。

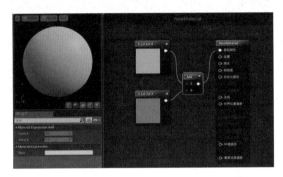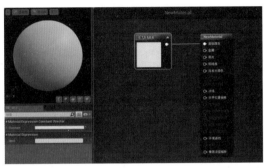

图 3.2.9　Add（加）

　　示例二：Add（加）通常也用于使 UV 纹理坐标偏移，如图 3.3.10 所示。

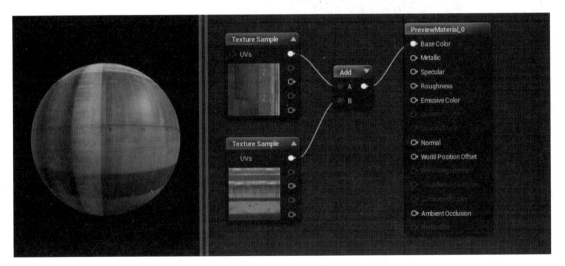

图 3.2.10　Add（加）

　　● 　Divide（除）

　　概念：Divide（除）表达式接收两个输入，并输出第一个输入除以第二个输入的结果。除法按通道进行，即，第一个输入的 R 通道将除以第二个输入的 R 通道，第一个输入的 G 通道将除以第二个输入的 G 通道，以此类推。除非除数是单个浮点值，否则两个输入必须具有相同数目的值。一般情况下不能以零作为除数。

　　示例：当 A =（1.0，0.5，−0.4）而 B =（2.0，2.0，4.0）时，最终 Divide（除）的输出为（0.5，0.25，−0.1），如图 3.2.11 所示。

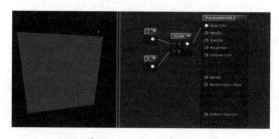

图 3.2.11 Divide（除）

● Max（最大值）

概念：Max（最大值）表达式接收两个输入，然后输出其中的最大值。

此节点类似于 Photoshop 的"变亮"。三维向量输入 A 颜色数值为 0，通过连接 Max（最大值），最终输出的结果为数值 1，如图 3.2.12 所示。

图 3.2.12 Max（最大值）

● Min（最小值）

概念：Min（最小值）表达式接收两个输入，然后输出其中的较小者。

此节点类似于 Photoshop 的"变暗"。三

维向量输入 A 颜色数值为 1 时，通过连接 Min（最小值），最终输出的结果数值为 0，如图 3.2.13 所示

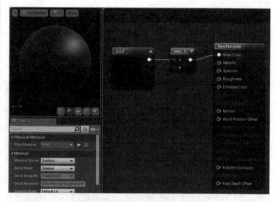

图 3.2.13 Min（最小值）

4）实用程序表达式

● BumpOffset（凹凸贴图偏移）

概念：BumpOffset（凹凸贴图偏移）是 UE4 术语，就是通常所谓的"视差贴图"。BumpOffset（凹凸贴图偏移）表达式可以使材质产生深度错觉，而不需要额外的几何体。

示例：使用一张墙体的贴图和一张墙体法线贴图，通过 BumpOffset（凹凸贴图偏移）最终输出具有凹凸质感的材质。BumpOffset（凹凸贴图偏移）使用灰阶高度贴图来提供深度信息，如图 3.3.14 所示。

高度贴图中的值越亮，材质的"凸出"效果越明显；当摄像机在表面上移动时，这些区域将产生视差（移位）。高度贴图中较暗的区域将显得"距离较远"，其移位程度最小。

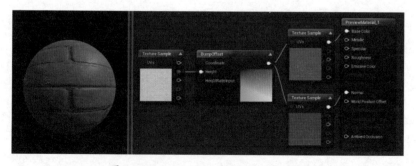

图 3.2.14 BumpOffset（凹凸贴图偏移）

● Fresnel（菲涅尔）

概念：Fresnel（菲涅尔）表达式根据表面法线与摄像机方向的标量积来计算衰减。当表面法线正对着摄像机时，输出值为 0。当表面法线垂直于摄像机时，输出值为 1。简单来说，Fresnel（菲涅尔）是有关反射的光学现象，反射 / 折射与视点角度之间的关系。视线垂直于表面时，反射较弱；而当视线非垂直表面时，夹角越小，反射越明显。比如，当看向远处的湖面时候，湖面波光粼粼反射很强；低头看脚下的湖面，反射却来得没有那么强。

Fresnel（菲涅尔）用于制作效果图，起着调节模拟真实质感的作用，可以使瓷砖和木地板呈现出哑光的状态。如果不使用 Fresnel（菲涅尔），反射则不考虑视点与表面之间的角度。在真实世界中，除金属之外，其他物质均有不同程度的"菲涅尔效应"。

示例：不锈钢在生活中，是经常会使用到的材质，比如：窗框、办公椅的椅子脚、厨房里的餐具等。相比金属的材质，在不锈钢的材质加 Lerp（线性插值）和 Fresnel（菲涅尔），可以让材质质感更好，如图 3.2.15 所示。

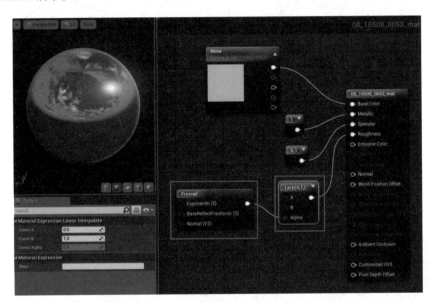

图 3.2.15 Fresnel（菲涅尔）

5）坐标表达式

● Panner（平移）

概念：Panner（平移）表达式输出可用于创建平移（或移动）纹理的 UV 纹理坐标。Panner（平移）会生成根据时间（Time）输入而变化的 UV。"坐标"（Coordinate）输入可用于处理 Panner（平移）节点所生成的 UV（例如，使其偏移），如图 3.2.16 所示。

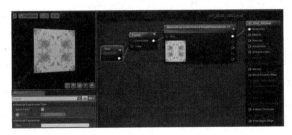

图 3.2.16 Panner（平移）

● Rotator（旋转）

Rotator（旋转）表达式以双通道矢量值形式输出 UV 纹理坐标，该矢量值可用来创建旋转纹理。

示例一：通过 Rotator（旋转）节点进行旋转贴图，来制作不同方向的贴图。通过测试，在连接此节点时，输入数值 6.3，贴图就能旋转 90°；当输入数值 12.6 即可达到旋转 180°的效果。

对于一些需要改变方向的贴图，需要在 UE4 中使用此节点即可达到，如图 3.2.17 所示。

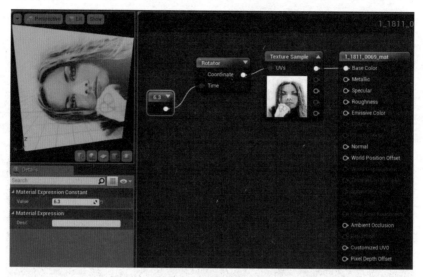

图 3.2.17 Rotator（旋转）

知识拓展：通过添加 CustomRotator 和 Divide 节点，使用常量来调节贴图的各个方向的旋转角度，如图 3.2.18 所示。

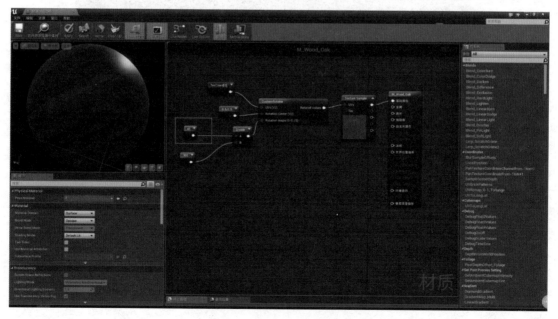

图 3.2.18 Constant（常量）

6）常量表达式

在 VR 室内场景中经常涉及以下几种常用表达式。

● Constant（常量）

这是最常用的表达式之一，它输入的是单个的值。可以连接到任何的输入却不必考虑该输入所需的通道数，如图 3.2.19 所示。

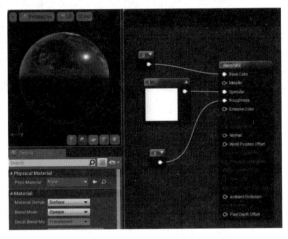

图 3.2.19 Constant（常量）

创建此节点方式：在材质编辑器的图形区域中按住数字键 1 并单击鼠标左键，可快速创建 Constant（常量）节点。

● Constant3Vector（常量 3 矢量）

概念：Constant3Vector（常量 3 矢量）表达式输出三通道矢量值，即输出三个常量数值。将 RGB 颜色看作 Constant3Vector（常量 3 矢量），其中每个通道都被赋予一种颜色（红色、绿色、蓝色）。

示例：以使用地板的材质球为例，在数学表达式中，Multiply(乘)的 B 输入连接的就是三维向量，双击三维向量打开颜色调节面板，在这里使用对比色可以控制材质的凹凸强弱（例如使用黄色与蓝色，黄色使凹凸纹理更强，蓝色凹凸更弱。使用淡蓝色凹凸纹理效果刚好合适），如图 3.2.20 所示。

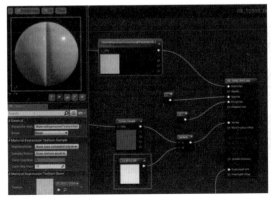 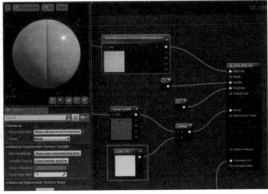

图 3.2.20 Constant3Vector（常量 3 矢量）

● Time（时间）

概念：Time（时间）节点用来向其他表达式添加节点。例如可以向 Panner（平移）表达式、Cosine（余弦）表达式或其他时间相关操作添加经历时间，如图 3.2.21 所示。

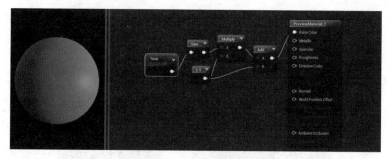

图 3.2.21 Time（时间）

7）粒子表达式

● ParticleColor（粒子颜色）

概念：ParticleColor（粒子颜色）表达式根据 Cascade（级联）内定义的任何粒子颜色数据与给定粒子的当前颜色相关联。此表达式必须连接到适当的通道，即 Emissive Color（自发光颜色）。在此示例中 ParticleColor（粒子颜色）表达式向粒子提供粒子系统内定义的颜色，如图 3.2.22 所示。

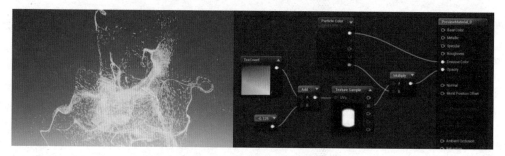

图 3.2.22 ParticleColor（粒子颜色）

● ParticleDirection（粒子方向）

概念：ParticleDirection（粒子方向）表达式逐个粒子地输出 Vector3 （RGB）数据。粒子颜色按照颜色运动行进同时根据每个粒子当前进行方向而变化，如图 3.2.23 所示。

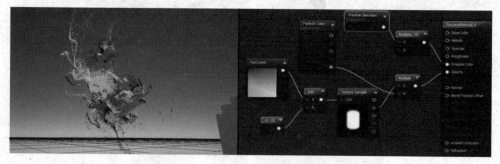

图 3.2.23 ParticleDirection（粒子方向）

2. 搜索材质表达式

在材质编辑器中可以通过快捷键获得节点，或用材质编辑器中的搜索功能在材质网格中快速查找节点（包括注释框），通过输入特定英文字符串，可以搜索到节点的描述或者其他特定节点的特定属性。这个功能在工作过程中查看材质网格以提供便利的条件。搜索方式有两种。

在搜索框中输入完整的关键词或者关键词的一部分，都会对当前图表面板中的表达式的属性进行搜索，当前选中的结果将会被高亮显示。

方法一：创建 Rotator（旋转）节点。在编辑面板中单击鼠标右键，在搜索框中输入英文字母 Rotator，选中面板中出现 Rotator 节点，如图 3.2.24 所示。

方法二：在材质编辑器面板中的 Palette Panel（调色板面板）搜索框中输入所需要的节点关键词，把搜索到的节点拖曳到 Graph Panel（图表面板）即可，如图 3.2.24 所示。

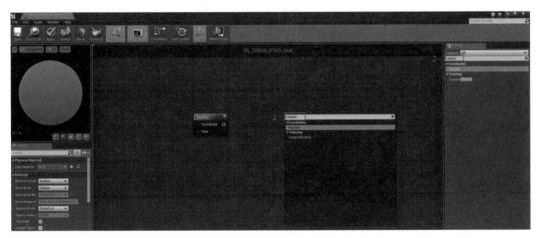

图 3.2.24 搜索材质表达式

（三）材质节点热键

使用热键放置常用的材质表现类型。长按热键并单击鼠标左键在图表面板进行放置。

热键	表现	描述
A	Add	加法
B	BumpOffset	凹凸偏移
C	Comment	注释
D	Divide	除法运算
E	Power	幂
F	MaterialFunctionCall	材质函数调用
I	If	如果
L	LinearInterpolate	线性插值

M	Multiply	乘法
N	Normalize	规范化
O	OneMinus	一减
P	Panner	用来移动贴图坐标
R	ReflectionVector	反射向量
S	ScalarParameter	标量参数
T	TextureSample	纹理取样
U	TexCoord	纹理坐标

3.2.2 材质函数

概念：材质函数可以创建复杂的材质图表，创建后的图表可以被存储在外部，让更为复杂的网格组合成单个节点，可进行重复使用，如此大大简化创建材质的过程，可以快速被重新使用。

示例：通过创建一个常用网格混沌纹理平移节点，可以将制作好的部分网格保存为材质函数。当再次使用这种行为的时候，可以使用保存好的函数，如此可以提高处理速度。

1. 创建材质函数

方法一：在 Content Browser（内容浏览器）中选择右键菜单命令 Add New（新建）→ Materials&Textures（材质 & 贴图）→选中 Material Function（材质函数）即创建一个新的材质函数，如图 3.2.25 所示。

方法二：最简单的方式是在内容浏览器 Filters（过滤器）面板中，单击鼠标右键创建材质函数，如图 3.2.26 所示。

图 3.2.25 创建材质函数

图 3.2.26 创建材质函数

2. 编辑材质函数

在材质函数的默认状态下，新创建的函数只有一个标记为 Result 的单个输出节点。通过创建其他节点网格可将它们连接到此运算结果上，如图 3.2.27 所示。

图 3.2.28 函数输入

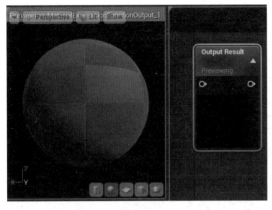

图 3.2.27 Result 的单个输出节点

在材质函数编辑器中，材质函数是封装的节点网格需要负责数据可流入与流出。通过 FunctionInput（函数输入）和 FunctionOutput（函数输出）节点进行处理。

● FunctionInput（函数输入）

概念：FunctionInput（函数输入）表达式只能放在材质函数中，用于定义该函数中的某个输入，如图 3.2.28 所示。

● FunctionOutput（函数输出）节点

概念：FunctionOutput（函数输出）节点提供让处理后的数据从最终函数中退出以便在材质中进一步使用。与 FunctionInput（函数输入）节点相同，一个函数可具有 N 个节点，它们可连接到任意数目的输出，如图 3.2.29 所示。

图 3.2.29 函数输出

创建想要的任意节点网格，从而处理该输入并将其与输出相连接，如图 3.2.30 所示。

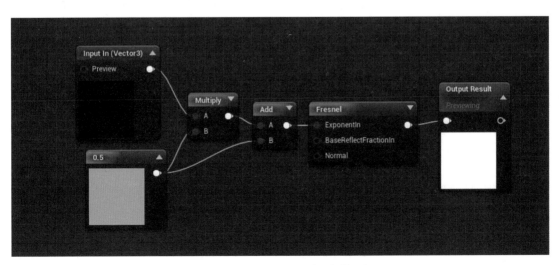

图 3.2.30 FunctionInput（函数输入）

提示：通过函数输入和输出（也就是放置在函数中的节点）您可以将它们的接口定义任何其中使用这些函数的材质，还可以命名输入和输出。一个函数必须至少有一个输出是有效的，而且输入和输出必须是唯一的。

当需要这个材质函数节点的时候，只需要选择此材质函数拖曳到材质编辑器中。具体步骤如下所示。

双击打开 NewMaterial（新材质球）的材质编辑器面板→单击 New Material Function（新材质函数）并拖曳到所打开的 New Material 材质编辑器当中→最终创建的 New Material Function 材质函数即可被使用，如图 3.2.31 所示。

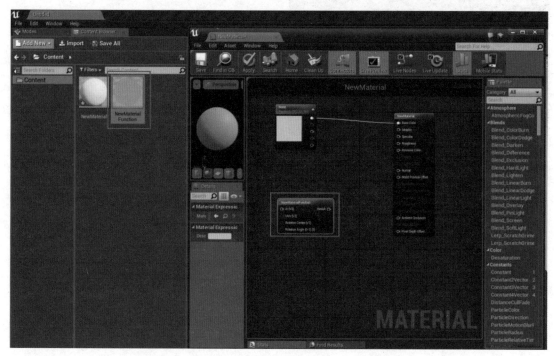

图 3.2.31 使用材质函数

3.2.3 材质属性

混合模式定义当前材质的输出如何与背景中已绘制的内容进行混合。它允许控制引擎在其他像素之前渲染此材质，以及如何将此材质（来源颜色）与帧缓冲区中已有的内容（目标颜色）进行混合，如图 3.2.32 所示。

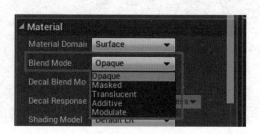

图 3.2.32 Blend Mode（混合模式）

（1）Opaque（不透明）

概念： Opaque（不透明）混合模式是最简单，并可能是最常用的模式之一。它定义光线无法通过或穿透的表面。此模式适用于大部分塑料、金属、石头以及较大比例的其他表面类型，如图3.2.33 所示。

（2）Masked（遮掩）

概念： Masked（遮掩）混合模式用于需要以二元（开 / 关）方式选择性地控制可见性的对象。某些区域看起来是可见的，而其他区域不可见。Masked（遮掩）混合模式适用于模拟铁丝网围栏或栅格的材质。

示例： 对于植物使用的面片贴图形式，需要看到叶子区域，白色区域则是不需要的，这时候可以使用 Masked（遮掩），如图 3.2.34 所示，使用 Masked（遮掩）混合模式，而图 3.2.35没有使用 Masked（遮掩）混合模式。

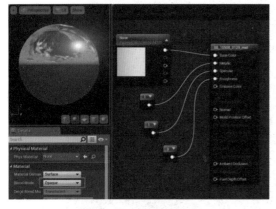

图 3.2.33　Opaque（不透明）

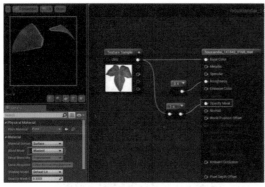
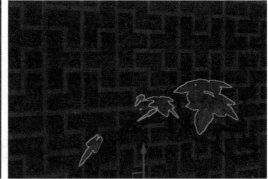

图 3.2.34　使用 Masked（遮掩）

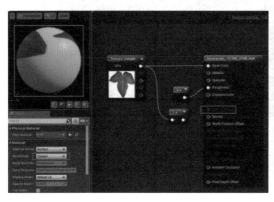
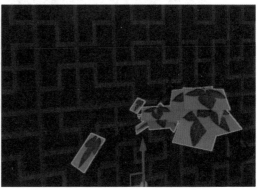

图 3.2.35　未使用 Masked（遮掩）

（3）Translucent（半透明）

概念：Translucent（半透明）混合模式用于需要某种形式的透明度的对象，比如冰块、水、玻璃等。

示例：以玻璃材质球节点制作为案例，如图 3.2.36 所示。

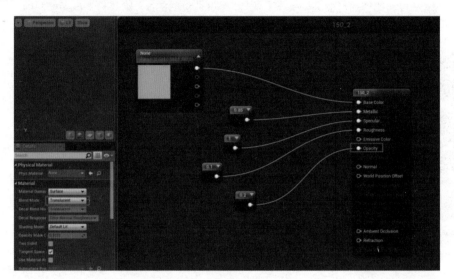

图 3.2.36 Translucent（半透明）

（4）Additive（加性）

概念：Additive（加性）混合模式就是获取材质的像素，并将其材质像素与背景的像素相加。这与 Photoshop 中的线性减淡（添加）混合模式非常相似，表示不会进行暗化。由于所有像素值都添加到一起，因此黑色将直接渲染为透明。这种混合方式适合于各种特殊效果，例如火焰、蒸汽或全息图等，如图 3.2.37 所示。

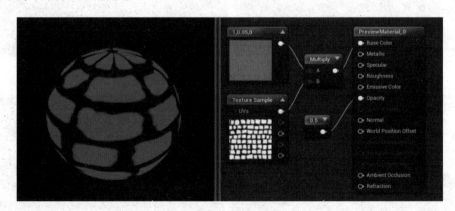

图 3.2.37 Additive（加性）

（5）Modulate（调制）

概念：调制指的是材质的像素和背景的像素相乘。例如，在场景中，椅子的材质像素会与椅子的背景相乘（或者是地面与墙面等任何材质像素，取决于摄像机的位置，而摄像机相当于人的视线点），如图 3.2.38 所示。

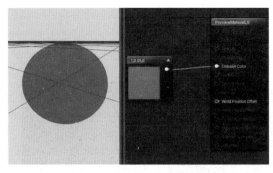

图 3.2.38 Modulate（调制）

提示：Modulate（调制）混合模式最适合于某些粒子效果。但是此模式不支持照明或单独半透明，如图 3.2.39 所示。

图 3.2.39

3.3 室内基本材质制作

3.3.1 材质输入

概念：本文进行材质制作时，首先了解到有哪些输入，通过对这些输入值（常量、参数或者贴图），可以定义到想象到的任意物理表面。

并不是所有的输入都能在不同的 Blend Mode（混合模式）和 Shading Model（着色模式）组合下进行使用。对一些材质类型来说，指定不同的输入类型，这样就可以了解创建的每种类型材质使用了哪些输入。

（一）输入和材质设置：可以发现输入设置里在有些输入时灰色框是无法使用的，如需启用这类型输入需要变更材质模式即可。前提是要知道所创建的材质是什么属性，如图 3.3.1 所示。

1. Material Domain（材质域）：该属性控制该材质使用的场合，例如该材质是否会成为表面、光照函数或后期处理材质的一部分。

2. Blend Mode（混合模式）：该模式控制材质如何混合进材质后方的像素。

3. Shading Model（着色模式）：它定义材质表面的光照是如何进行计算的。

图 3.3.1 Material（材质）属性

（二）输入设置：在材质编辑器面板可以看到输入设置框，以下了解常用输入设置框的内容。

图 3.3.2 输入设置

● Base Color（底色）

概念：此输入定义材质的整体颜色。它接收 Vector3（RGB）值，并且每个通道都自动限制在数值 0 ~1 之间。可以直接给所需要的材质球放上一张贴图，也可以直接给它一个颜色去定义此材质的基础颜色，如图 3.3.3 所示，左边的底色使用一张木纹的贴图，那么它就具有木纹的材质质感。

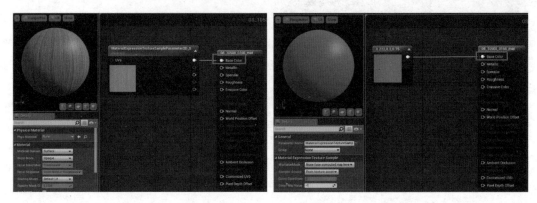

图 3.3.3 Base Color（底色）

● Metallic（金属色）

概念：此输入定义材质表面接近金属的程度。非金属的金属色（Metallic）数值为 0，金属的金属色（Metallic）数值为 1。对于纯表面，例如纯金属、纯石头、纯塑料等，此值将是 0 或 1。对于创建受腐蚀、落满灰尘或生锈金属之类的混合表面时，需要介于 0~1 之间的任意值，如图 3.3.4 所示，数值 0~1 的范围表示数值从小到大接近金属材质。

图 3.3.4 Metallic（金属色）

示例：具有金属质感的水壶直接给数值 1 就可以达到所需要的效果，如图 3.3.5 所示。

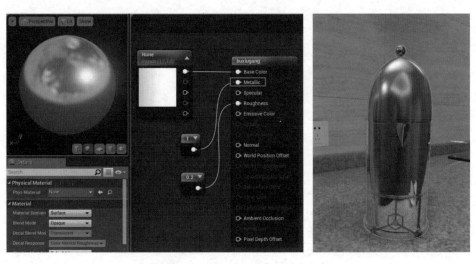

图 3.3.5 Metallic（金属色）制作水壶

● Specular（高光）

概念：高光是介于 0 ~ 1 之间的值，并用于调整非金属材质的高光反射强度，对金属材质无效。经实际测试，在金属性为数值 1 时，这个参数几乎没有可视觉识别的影响。在金属性为数值 0 时可以增加一定程度的高光反射。

示例：对于室内家具中一些有光泽的柜子、木式家具、陶瓷等都可以通过连接高光来实现，如图 3.3.6 所示。

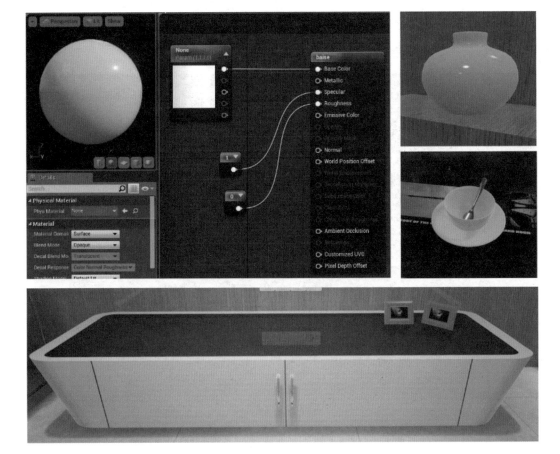

图 3.3.6 Specular（高光）制作家具

● Roughness（粗糙度）

概念：粗糙度（Roughness）输入定义材质的粗糙度。数值越低的材质镜面反射程度越高。数值越高就倾向于漫反射。与平滑的材质相比，粗糙的材质将向更多方向散射所反射的光线。根据反射的模糊、清晰度、镜面反射高光的广度、密集度加以确定。粗糙度是一个属性，它将频繁地在对象上进行贴图，以便向表面添加大部分物理变化。

a. 粗糙度 0（平滑）是镜面反射。b. 粗糙度 1（粗糙）是完全无光泽或漫反射。

如图 3.3.7 所示，材质粗糙度数值在 0 ~ 1 的变化，即非金属和金属材质的变化。在图 3.3.7 中，上图为非金属材质，下图为金属材质。

图 3.3.7 Roughness（粗糙度）

示例：对于有粗糙纹理质感的布料，如普通抱枕沙发的布料，只需要给粗糙度和适当的法线纹理贴图即可，如图 3.3.8 所示。

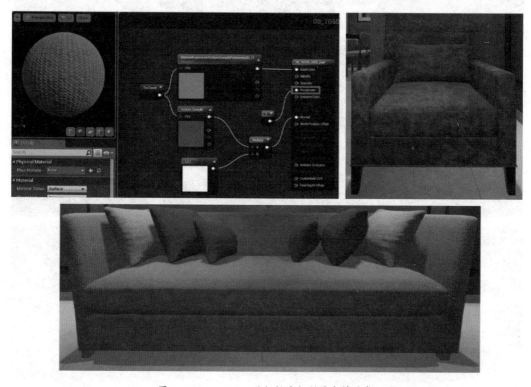

图 3.3.8 Roughness（粗糙度）制作布料质感

● Emissive Color（自发光颜色）

概念：此输入定义材质自主发出光线的参数。超过 1 的数值将会被作为 HDR 光照。可以直接给所需要的贴图或常量给予自发光，或者通过使用蒙版所需要的材质部分发光。

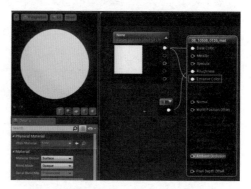

示例：以室内的吊顶筒灯材质为例，给予此材质输入自发光，吊顶筒灯将有自发光，如图 3.3.9 所示。

图 3.3.9 Emissive Color（自发光颜色）

● Opacity（不透明度）

概念： 定义材质的不透明度。不透明输入在使用半透明混合模式时使用。它允许输入一个 0~1 之间的值。0.0 代表完全透明；1.0 代表完全不透明。

示例： 以一个玻璃杯子为例。首先单击编辑器空白位置→在左边 Detais（细节）面板中找到 Blend Mode（混合模式）→选中 Opaque（不透明）→选择 Translucent（半透明）。最终 Opacity（不透明度）在输入面板不再为灰色显示，表明已被启用，如图 3.3.10 所示。

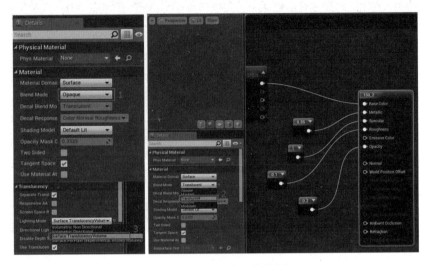

图 3.3.10 Opacity（不透明度）

● Opacity Mask （不透明蒙版）

概念： Opacity Mask（不透明蒙版）与不透明度类似，只有在 Masked Blend 模式才能被使用。一般输入的数值在 0.0~1.0 之间，但不同于不透明度的是不同色调的灰色无法在结果中观察到。

不透明蒙版的输出结果只有可见和完全不可见两种。通常用于实现镂空之类的效果。不透明的部分仍遵从光照。当需要如铁丝网、围栏及其他定义复杂表面的材质时，此蒙版是最佳的解决方案，如图 3.3.11 所示。

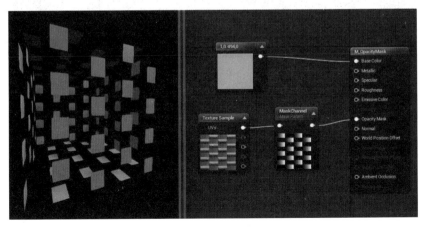

图 3.3.11 Opacity Mask （不透明蒙版）

● Normal（法线）

概念：Normal（法线）输入为法线参数，通常用于连接法线贴图。这是通过打乱每个单独像素的法线或其朝向以对表面提供惊人的物理细节。

示例：由于地砖之间会有凹下去的缝隙，所以使用一张地板缝隙凹下去的凹凸纹理贴图，这样制作出的地板质感更加接近现实效果，如图 3.3.12 所示。

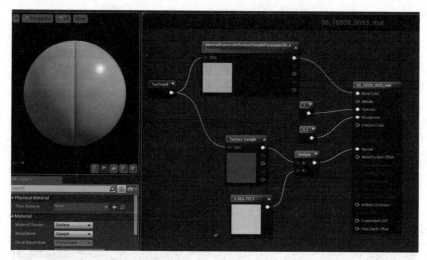

图 3.3.12 Normal（普通）

提示：在场景制作中为了让面数减少，往往都会在 3ds Max 里对雕花等复杂的模型进行烘焙，烘焙出法线贴图在材质中就是连接到此输入。

● World Position Offset （世界位置偏移）

概念：此输入使得材质可以控制网格在世界空间中的顶点位置。这对于使目标移动、改变形状、旋转以及一系列其他特效来说都很有用。它通常用于环境动画，如图 3.3.13 所示。

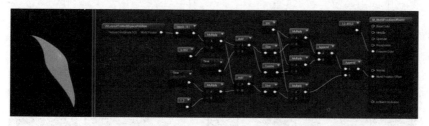

图 3.3.13 World Position Offset （世界位置偏移）

提示：使用时如果遇到剔除投影之类的错误，则需要放大网格的 Scale Bounds，但是这样会导致效率下降。

● World Displacement（世界位移）

概念：此输入运行原理和 World Position Offset（世界位置偏移）非常相似，但它使用的是多边形细分顶点而不是网格物体基础顶点。世界位移只能在 Tesselation 属性下设置才起作用，如图 3.3.14 所示。

● Tessellation Multiplier（多边形细分乘数）

概念：它用来控制沿表面方向的多边形细分数量，使得在需要时能添加更多的细节。为了能在World Displacement（世界位移）中启用该项，材质的 Tessellation（多边形细分）属性必须被设置为除 None（无）外的任意值。只有在设置 Tesselation 属性时才可以使用，如图 3.3.14 所示，它决定瓷砖贴片的个数。

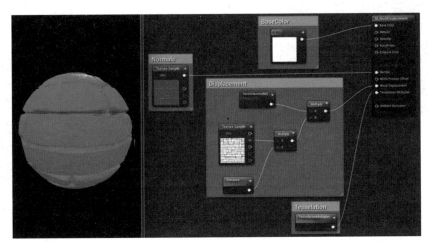

图 3.3.14 世界位移和多边形细分乘数

● Subsurface Color（次表面颜色）

概念：Subsurface Color（次表面颜色）输入在 Shading Model（着色模式）属性被设置为Subsurface（次表面）时才可被启用。该输入可以添加颜色到所需材质，以模拟在光照穿过表面时的颜色转换。

示例：通过灯罩作为案例，使用次表面颜色输入的灯罩，在灯光穿透灯罩材质时，灯光与灯罩的颜色过渡得很自然，效果如图 3.3.16 所示。具体步骤如图 3.3.15 所示。

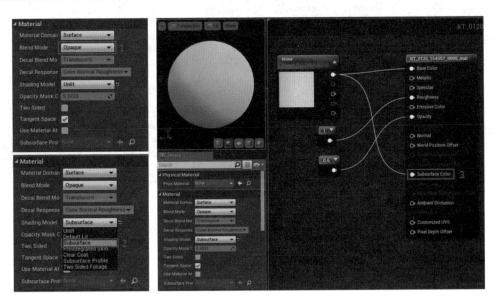

图 3.3.15 Subsurface Color

图 3.3.16 效果图

提示：对于优化过的单面模型，例如，窗帘、被单、瓶子等，可以用次表面颜色达到想要的效果。在游戏中，对于人类角色的皮肤上可能会有红色的次表面颜色，用此输入来模拟其皮肤下的血液流动。

● Ambient Occlusion（环境遮挡）

Ambient Occlusion（环境遮挡）主要用来模拟表面缝隙中发生的自投阴影，如图 3.3.17 所示。一般来说，这种输入会与某些类型的环境遮挡贴图进行连接，而这些贴图常常是在 3D 模型包内进行创建的，例如 Maya、3ds Max 或 ZBrush。

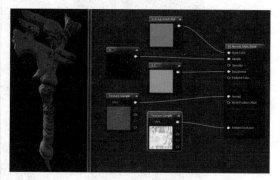

图 3.3.17 Ambient Occlusion（环境遮挡）

● Refraction（折射）

概念：Refraction（折射）输入会采用模拟表面折射率的贴图或值。用于调整透明材质的折射率，如玻璃表面和水面等，这些表面会对穿过它们的光线进行折射。

示例：以浴室玻璃门的材质为例，如图 3.3.18 所示。

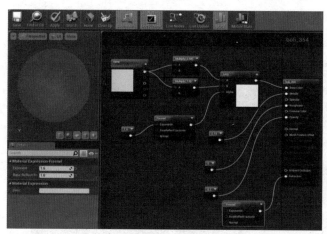

图 3.3.18 Refraction（折射）

● Clear Coat（透明图层）

概念：透明图层着色模型可以用于更好地模拟在材质表面具有薄半透明膜的多层材质，如金属表面的着色膜，诸如易拉罐或车漆。除此之外，透明图层着色模型也可以用于金属或非金属表面，如钢琴烤漆之类的效果。一些透明图层材质的示例也包括丙烯酸或漆的透明图层，如图 3.3.19 所示。

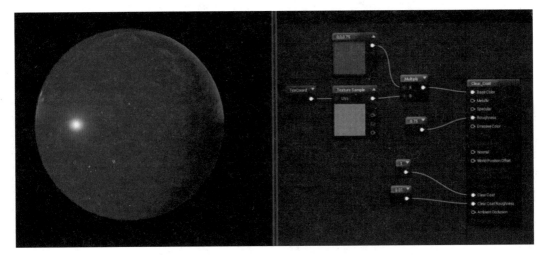

图 3.3.19　Clear Coat（透明图层）

透明图层着色模型在主材质节点上打开两个新的材质输入。

1. Clear Coat（透明图层）：透明图层的数量，数值 0 为标准着色模型，数值 1 为完整透明图层模型。

2. Clear Coat Roughness（透明图层粗糙度）：透明图层的粗糙度，此输入决定透明涂层的粗糙度。支持非常粗糙的透明图层，但相比真实世界中的内容，这样不是特别准确。

（三）室内材质常规案例

从生活中了解到人们生活当中使用的物体，通过视觉和触觉所传达给人们是什么样的感受。比如，木纹的一些材料经过人为处理，有些是有光泽的而有些是有质感的。布纹的材质有粗糙感，玻璃的材质有半透明质感，门把手等具有金属光泽度的质感。通过对生活的常识性理解，在材质制作时就可以根据它的属性进行制作。

1）墙体

对于一些没有加墙纸的墙体，一般只需要加粗糙和墙体的凹凸纹理即可。

步骤① 双击打开墙体材质球进入材质编辑器面板→按 V 键同时按住鼠标左键跳出▇图标→双击图标可以调节所需要的颜色，

如图 3.3.20 所示。

图 3.3.20　调色球

提示：连接此节点通过按住鼠标不放，向右拖曳，并连接相应接收器即可，如果需要断开节点可按住 Alt 键同时按住鼠标左键即可。

步骤② 按键盘数字 1 同时按住鼠标左键，出现▇，根据材质需要可以进行数值调节。数值 0~1 为从低到高（确保单击选中 1 图标，才会出现 Value），墙面是粗糙的，在这里给粗糙度最大数值 1，如图 3.3.21 所示。

图 3.3.21　Value（数值）

步骤 3 对于有些墙面有粗糙的质感，可以给它凹凸贴图，让墙面看起来更加有质感。单击 M 键同时按住鼠标左键获得 ▇，可以看到 Multiply 里有 A 和 B 两个连接点，A 节点连接的是凹凸纹理贴图，B 节点连接颜色常量。按住数字键 3 同时按住鼠标左键 ▇。这里的三维向量用颜色控制贴图凹凸强弱，如图 3.3.22 所示。

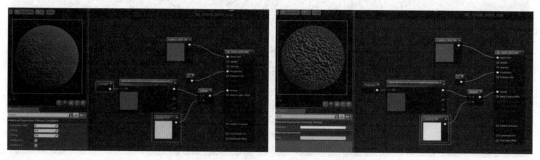

图 3.3.22 常量 3 控制凹凸强弱

提示：调节蓝色通道的值，保持其他通道的值为 1 不变，来控制材质的凹凸强度。蓝色通道值越接近 0，凹凸效果越弱。

步骤 4 根据需要调节颜色是淡蓝色的，适当凹凸即可，不需要太强的凹凸纹理，墙面的材质球制作完成，如图 3.3.23 所示。

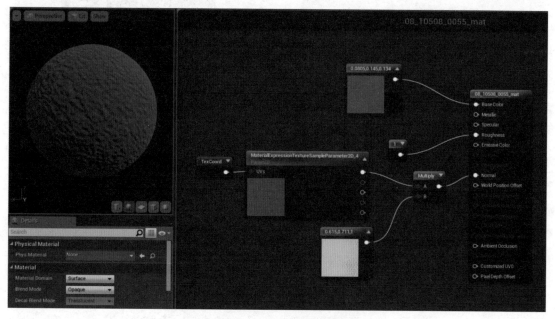

图 3.3.23 墙体材质球节点

材质节点中的粗糙度用来控制材质的高光强弱，粗糙度数值越高，高光光泽度越小，反之则大。假设所设置的地板不需要加任何粗糙度，但是还是要给它常量数值为 0 的粗糙度，对比加粗糙度节点和未加粗糙度节点的材质区别，如图 3.3.24 所示。

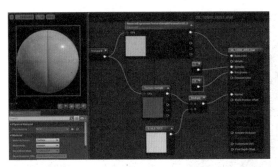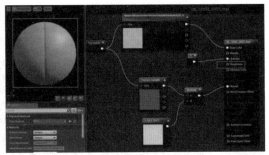

图 3.3.24　左图为加粗糙度节点，右图为未加粗糙度节点

这两张示例图可以看到没有加粗糙度节点的材质球光泽度很弱，通过粗糙度可以控制材质光泽度，如图 3.3.25 所示。

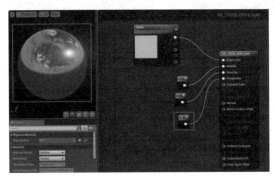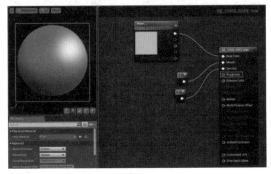

图 3.3.25　粗糙度作用

2）镜子

相对于不锈钢和金属的材质，镜子的表现形式也比较简单。只需要把金属和高光的常量数值给 1，粗糙度给 0 即可，如图 3.3.26 所示。

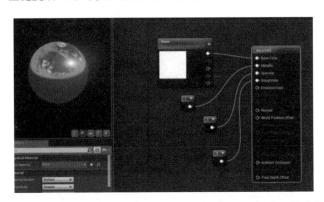

图 3.3.26　镜子材质球节点

3）窗纱

室内窗纱材质和窗帘相比，窗纱材质较透明，除美观以外也有利于室内光线的采集。材质节点如图 3.3.27 所示。

室内 VR 场景制作教程

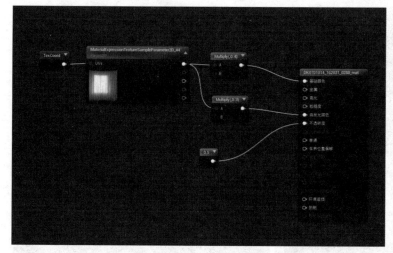

图 3.3.27 窗纱材质球节点

3.3.2 实例化材质

概念: 在 UE4 中,可以对材质进行实例化,更改材质外观。这不仅可以最大化提高材质球利用率,且在对材质球进行编辑或更改后不需要重新编译,而在普通典型的材质中必须执行此操作。实例化材质不需要重新编译。在这点上实现极大的时间灵活性,也大大提高工作效率。在制作期间,对于进行中的行为可以直接对它进行制作,比如树木燃烧时其材质变暗并烧焦的过程可以直接看到而不需要再进行编译。当场景中一些材质贴图的坐标出现与所需要的效果不符合,如贴图方向不对或者纹理不合适,可以通过创建实例化材质来进行调节。

1. 材质实例编辑器

● 创建材质实例

首先创建一个材质球,选中 Content Browser(内容浏览器)→ Filters(过滤器),单击该材质,并选择 Create Material Instance(创建材质实例)即可。具体步骤如下所示,参考图 3.3.28。

示例: 在场景中,如果金属材质使用过多,可以进行材质实例化,从而达到减少材质球的使用量。

步骤 1 首先用鼠标右键单击创建一个材质球,把它命名为 Material → 双击材质球打开材质编辑器界面 → 在编辑器中连接节点,添加常量节点。

图 3.3.28 创建材质实例

步骤 2 在材质实例真正可编辑之前，必须先选择所希望能够在实例中编辑原始材质（即主材质）具有哪些属性，选中它将其指定为参数。选中常量单击鼠标右键→选择 Convert To Parameter（转换参数）后对它重命名，如图 3.3.29 所示。在默认情况下，若没有把它转换成 Convert To Parameter（转换为参数），那么在材质实例编辑器中是无法进行调节和使用的。

所修改的值，使用此材质球转换为实例材质后在实例材质编辑器界面都可以找到。

图 3.3.30 更改名称

图 3.3.29 材质参数化

材质参数化后，可以选中此节点进行 Default Value（默认值）、Parameter Name（参数名）、Group（组）操作，如图 3.3.30 所示。

步骤 3 创建后的材质球，对材质球单击鼠标右键即可创建 Material_Inst（材质实例），如图 3.3.31 所示。

图 3.3.31 创建材质实例

● 打开材质实例编辑器界面

在创建新材质球后，只要对新的材质球执行双击实例材质球即可打开材质实例编辑器界面。在材质实例编辑器中可以看到所创建并命名好的公开参数。对于这些公开的参数，可以根据对材质的需要直接在材质实例编辑器面板中进行色调、属性等调节的操作，如图 3.3.32 所示。

图 3.3.32 材质实例编辑器界面

通过对新材质球重复执行单击鼠标右键创建材质实例球的操作，再对此材质球进行编辑，不仅减少建立多个材质球，同时也方便操作。

2. 实例化材质功能

在材质编辑器面板中有时需要对材质进行重新制作，对于制作完成的材质节点，当鼠标单击 Apply（应用）时候，观察场景中所修改的网格物体，发现进行应用的网格物体，显示的是灰黑色且带有格子，表明所修改的材质资源在进行重新编译。而在材质实例中，当修改材质，对其进行重新制作后，场景中的网格物体材质能够立刻实时更新变成所修改后的材质，且不需要经过重新编译。

示例一：如图 3.3.33 所示，对地毯添加节点，单击 Apply（应用）按钮或者保存材质编辑器界面。

图 3.3.33　更改节点进行 Apply（应用）

此时可以发现场景中的地毯出现正在编译的形式，无法第一时间看到所编辑后的材质，对一些需要不断进行调节参数才能达到理想效果的材质来说非常耗时，如图 3.3.34 所示。

图 3.3.34　正在编译状态

提示：材质重新编译在一程度上不仅会影响场景制作时间，而且在一些材质需要直观看到所要表现的效果时也会非常不方便。比如要对一个材质的贴图进行材质贴图方向以及复杂的旋转，创建材质实例可以一边在材质实例编辑器面板中进行调节，一边观察场景中的材质，而不需要花费时间等待编译后才能看到效果。

　　示例二：对于场景中有些模型使用条纹贴图的材质球，由于在 3ds Max 中模型通道——UV 未处理好，导致在使用条纹贴图的材质球时候出现模型贴图之间衔接不够完美或者是纹理大小不符合场景需求的现象，如图 3.3.35 所示，沙发纹理太大且纹理交接处衔接不够自然。由于纹理贴图大小、方向等参数需要多次调试才能达到最佳效果，所以使用材质实例可以实时进行参数调节处理模型贴图的大小和方向并进行实时渲染，而不需要花费大量的时间。

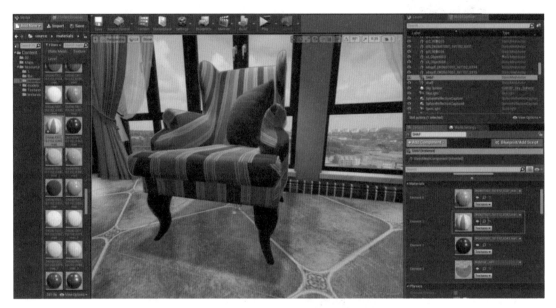

图 3.3.35　不合理材质

制作一个网格平移旋转具体步骤如下所示。

步骤 1　双击此材质球，打开编辑器面板。需要调节模型纹理的旋转方向、大小。在材质节点中，需要用到两个 Panner（位移）作为贴图纹理 x 轴和 y 轴方向的移动，Rotator（旋转）节点控制贴图旋转方向，如图 3.3.36 所示。

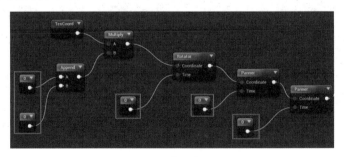

图 3.3.36　常量参数化

提示：在此节点中，使用常量数值来调节贴图方向、大小的改变，需要把它们全部进行可参数化，否则材质实例无法显示也无法使用此节点进行调节。

用鼠标右键单击常量→在弹出会话框中选中 Convert To Parameter（转换为参数）→常量节点可参数化节点，如图 3.3.37 所示。

图 3.3.37 转换参数

创建 Panner（位移）节点，选中此节点，在细节面板中把 Speed X 数值改为 1。在常量数值细节面板中将 Parameter Name（参数名）命名为 x，此数值控制的是 x 轴方向的变化，如图 3.3.38 所示。

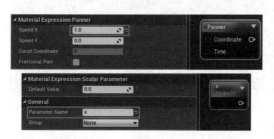

图 3.3.38 参数名

相应的 y 轴方向的 Panner（位移）把 Speed Y 数值改为 1，如图 3.3.39 所示。

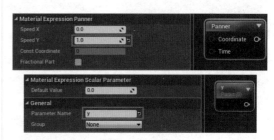

图 3.3.39 参数名

使用一个 Append（向量相加）作为过滤器，使用常量数值把它们转换为 Convert to parameter（转换参数），把数值改为 1，Parameter Name（参数名）命名为 u，代表 U 方向的节点。相应地把另一个常量数值改为 1，Parameter Name（参数名）命名为 v，代表 V 方向上的节点，如图 3.3.40 所示。

图 3.3.40 参数名

最终，一个可以转换为实例材质节点就制作完成，如图 3.3.41 所示。

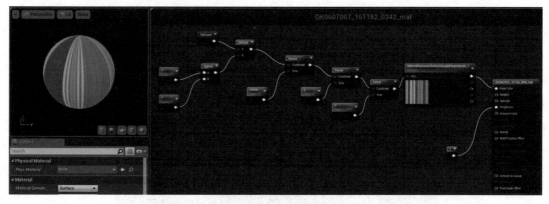

图 3.3.41 实例材质节点

步骤 2 最后回到 UE4 工作面板→搜索此材质球，选中此材质球，单击鼠标右键，在弹出会话框中选中 Create Material Instance（创建材质实例）即可创建材质实例→最终模型使用实例材质球，如图 3.3.42 所示。

图 3.3.42 沙发模型使用实例材质球

双击实例材质球，将打开实例材质编辑器界面，可以发现实行参数化的值在实例编辑器中已经存在，勾选后即可使用，如 3.3.43 所示。

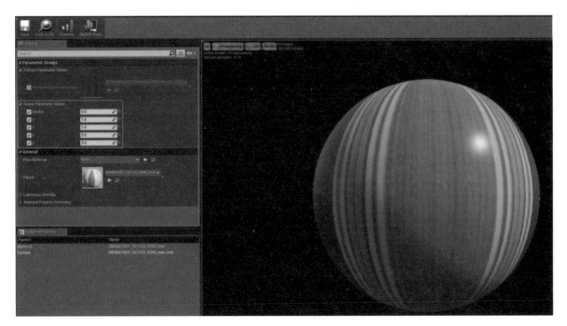

图 3.3.43 打开实例材质编辑器

把实例材质编辑界面缩小，可观察场景模型。此时在实例材质编辑器页面中可任意调节贴图的参数大小和方向，如图 3.3.44 所示。

图 3.3.44 调节贴图参数

提示：对于制作好的材质节点，通过在桌面新建文本文档，可以在 UE4 中复制材质节点粘贴保存到文本文档，下次使用这类材质节点，只需要打开这个文本文档复制粘贴在相应的材质编辑器界面中即可。

3.4 添加反射球

1. Box Reflection Capture （盒体反射捕捉）

在场景中使用反射球可以让场景中的材质更有质感，以更好地模拟现实效果。

步骤 ① 首先打开一个卧室的场景，在 Modes（模式）→ Visual Effects（视觉效果）→ Box Reflection Capture （盒体反射捕捉）中单击鼠标按住 Box Reflection Capture（盒体反射捕捉）往右拖入场景中。选中盒体反射捕捉，通过调节 Box Transition Distance（箱形转换距离）和 Brightness（亮度）来改变盒体反射捕捉的大小和影响场景反射的强度。在这里给 Box Transition Distance（箱形转换距离）的数值为 10，Brightness（亮度）的数值为 0.5，给予合适的参数即可，如图 3.4.1 所示。

步骤 ② 按住【Alt+J】组合键，进入顶视图，如图 3.4.2 所示。可在 Details（细节）中调整数值和反射球参数。

图 3.4.1　添加盒体反射捕捉

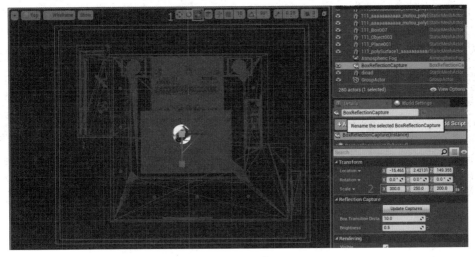

图 3.4.2　调节参数

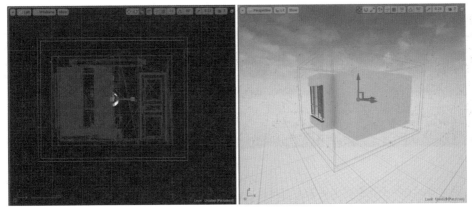

图 3.4.3　切换视口

2. Sphere Reflection Capture（球体反射捕捉）

添加球体反射球，具体要放置多少的球体反射球，视情况而定。

步骤 1 首先打开一个卧室的场景，在 Modes（模式）→ Visual Effects（视觉效果）→ 找到 Sphere Reflection Capture（球体反射捕捉）→ 单击 Sphere Reflection Capture（球体反射捕捉）并按住不放往右拖入场景中。

步骤 2 选中球体反射捕捉，在右边界面中找到 Influence Radius（影响范围），Influence Radius（影响范围）的数值越大，Sphere Reflection Capture（球体反射捕捉）的体积也相应变大，同时所影响的范围也相应变大；Brightness（亮度）影响场景的反射强度。对应场景大小，给 Influence Radius（影响范围）和 Brightness（亮度）相应的数值。

图 3.4.4　添加球体反射捕捉

通过切换顶视图、左视图对球体反射球进行体积调节。确保球体反射球包裹住整个场景即可，如图 3.4.5 所示。

图 3.4.5　调节范围

3. Sky Sphere（天空球）添加

（1）系统默认天空球：打开 UE4 项目系统自带设置好的 Sky Sphere（天空球）。还可以通过在 Modes 放置模式搜索栏里搜 Sky 关键字，找到 BP_Sky_Sphere，将其拖入场景使用。系统默认的天空球相当灵活，通过参数的配合可以实时变化，可以模拟出昼夜变换、风吹云涌的效果，如图 3.4.6 所示。

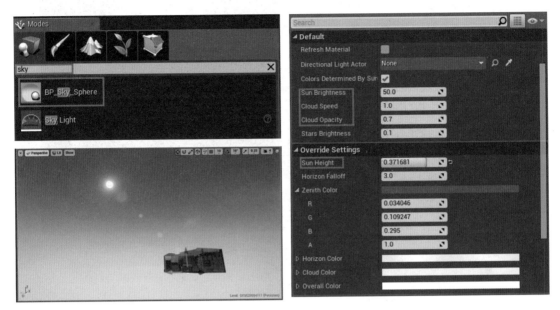

图 3.4.6 搜索 Sky Sphere（天空球）

系统天空球的常用参数表格

Refresh Material（刷新素材）	每当更改参数后需要单击此选项方可刷新显示
Directional Light Actor（定向灯光控件）	绑定环境里的定向光源角度作为太阳位置（转动定向光源角度，太阳位置跟着变换）
Colors Determined By Sun Position（颜色确定与太阳位置）	模拟真实太阳位置决定一天各时间段的色调，比如太阳在西边的地平线上，便呈现傍晚的色调
Sun Brightness（太阳亮度）	设置太阳的明亮，值越大光晕越大
Cloud Speed（云的速度）	设置云层移动的速度
Cloud Opacity（云的透明度）	设置云层的密度和厚度
Stars Brightness（星星亮度）	设置夜晚星星的亮度
Sun Height（太阳高度）	可以更改太阳位置，设置日夜变化效果（当天空球绑定定向光源时不可用）

（2）天空球的添加：当系统默认天空球无法模拟不同项目外景的需求时，可以导入一个带全景贴图的球状或者圆弧面片模型来展示窗外的风景，使用各种贴图（HDR 环境贴图）模拟不同的时间段及区域环境。天空球模型尽量放大，可降低视觉上透视关系的变形程度，如图 3.4.7 所示。

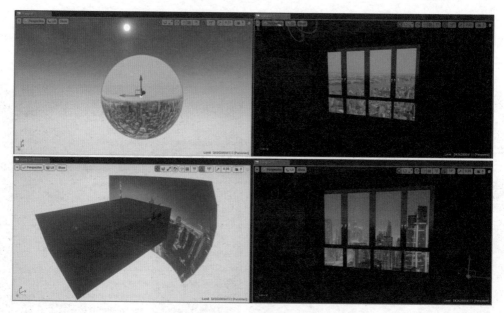

图 3.4.7　添加 Sky Sphere（天空球）

　　在材质编辑器中调节好节点后，注意勾上 Two Sided（双面）复选框，否则这个材质球是单面的。单面模型有时候会出现法线在背面翻转情况。例如一些单面的植物叶子，为了避免使用不必要的多边形，会把看不到的面给删除。这时可以勾选使用此参数。

图 3.4.8　制作节点

提示：Two Sided（双面）无法正确地与静态光线配合使用，因为网格仍然仅将单个 UV 集合用于光线贴图。因此，使用静态光线的双面材质的两面将以相同方式处理明暗。

　　系统的天空球是不参与任何光照计算的。在此做个测试，对场景所有静态网格物体不添加分辨率数值，单击工具栏里的 Build（构建）之后，可以发现场景漆黑一片，如图 3.4.9 所示。

图 3.4.9 Build（构建）

知识拓展：什么是 HDR 环境贴图？

HDR 贴图可以在 3ds Max 制作出来使用。HDR 是 3ds Max 中的一种照明技术，与普通的 Gif 图片不一样的是它其实是一张全局的环境背景。在 3ds Max 中渲染时可以实现与现实相近的光照效果，因为 HDR 贴图带有灯光强度信息，在这里使用的夜景图有路灯等都被照亮，实现模拟场景现实的效果。

3.5　本章小结

　　通过对本章材质的学习，我们学习到材质的基本制作原理以及在室内场景中对于不同材质的制作。随着学习的深入，您会发现材质不仅可以用于光照、延迟渲染，还包括粒子系统。材质最终输出节点上的可用项随着功能选择的不同而有所不同。一个优秀的场景输出，材质发挥着功不可没的作用。认识和学会材质节点和材质表达式的原理，对于制作更真实的场景材质奠定良好基础。材质球节点调节制作并不是固定不变只有一个标准的，在理论层次达到后，可根据实际需要的操作来制作最佳效果。

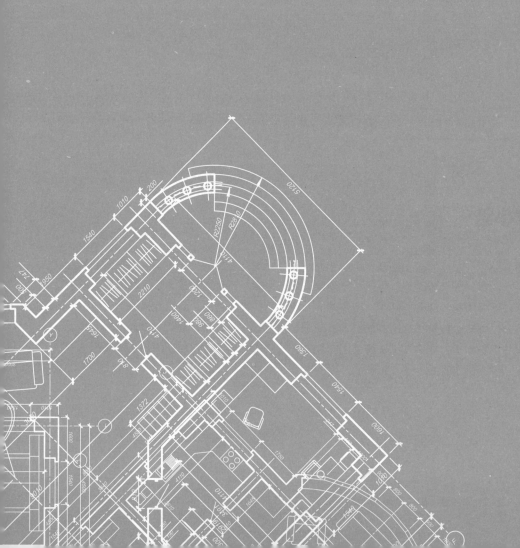

第 4 章

虚幻引擎 4 灯光

本章学习重点

※　了解真实世界的灯光原理，学习 UE4 中各类光源模拟灯光的不同效果，了解不同光源特点和参数的作用。

※　通过案例阐述室内灯光布置。

※　掌握后期特效的添加及处理方法。

4.1 光照原理

光是眼睛的造物主，没有光世界将会一片黑暗。光能显示出物体形状、空间、色彩和明暗关系，光可以美化环境，营造意境、情调、气氛，让人感受不同的感情变化；不同的光源位置，不同的方向角度，不同的颜色和造型，不同的光照强度，会产生各式各样的视觉反应，有时明亮宽敞，有时阴暗压抑，有时温馨舒适，有时躁动不安，有时热情喜悦，有时冷淡黯然……光照的魅力变幻莫测。

在 UE4 场景里，光带来明暗和冷暖层次，给予视觉上各种感觉，使用 UE4 的灯光系统，可以模拟出任何想要的真实光照。在真实世界里，主要光源来自太阳。下面以太阳光为例对太阳光产生的 3 种光照做个通俗的解释。

● 直接光照

白天，太阳光直接照射着大地，给予光明，在 UE4 里便可以添加一个太阳光，太阳光直接照射物体，这就是直接光照。直接光照不考虑光线的反射、折射等效果，因此没有被光线直接照射到的地方将不会被照亮。

● 间接光照

夜晚，太阳在地球背面，太阳光被地球挡住，所有环境变得漆黑一片，此时可以将 UE4 里的太阳移动到场景下方。但在真实世界里，太阳光会通过照射月球表面后反射到地面，这样便形成月光，因此，可以通过 UE4 模拟出这种夜晚微弱的环境光。这便是所谓的间接光照。间接光照主要是直接光照产生的光线经过反射、折射等方式，扩散出来的光线照亮了周边环境。

● 全局光照

白天，屋顶虽然挡住了太阳光的直接光照，但光线经过环境的多次反射与折射后，通过门窗进入室内，所以室内也会被照亮，但亮度并没有直接光照来得强烈。在 UE4 里我们也可以模拟这一现象，所以就产生了全局光照。全局光照是三维软件里的特定名词，相当于要表现直接光照和间接光照的结合效果。

上述光照在 UE4 中可以被真实模拟出来。下面为大家讲解在 UE4 中如何利用光照系统为环境带来真实的光照。

4.1.1 Lightmass（静态全局光照）

概念：Lightmass（静态全局光照）是 UE4 引擎针对模拟全局光照的一项重要模块。该功能可以创建各种复杂光照射的图样，还能够预计算一部分静态和固定的光照效果。下面通过案例来讲解 Lightmass 的工作原理。

使用一个定向光源在关闭间接光照的情况下进行 Lightmass 构建。场景只显示出直接光照的效果；光源没有直接照射到的地方是全黑的，证明间接照明没有参与全局光照的计算，如图 4.1.1 所示。

图 4.1.1　间接光照不参与全局光照时的计算结果

4.1.2　Diffuse Interreflection（漫反射）

概念：作为全局光照系统中的重要部分，光线照射到粗糙表面后无规则地向各方向反射，这样便形成了比较均匀的漫反射，如图 4.1.2 所示，外界环境光透过窗户玻璃，经过室内墙面、地面等物体的漫反射后散布光线，由于物体对光线有着吸收能力，造成一部分的光线损耗，因此从室外到室内的光线会逐步递减，最终形成没有太阳光直接照明的微暗效果。漫反射属于间接光照的一部分。

图 4.1.2　Diffuse Interreflection（漫反射）

如图 4.1.3 所示，将太阳光和环境光同时作用于环境，通过 lightmass 计算出来的全局光效果，可以很好地模拟真实世界的自然光照。

图 4.1.3 太阳光和环境光同时作用于环境

4.1.3 Color Bleeding（颜色扩散）

通常物体本身的材质和颜色受到环境光的作用也会被漫反射出去，此现象在使用高饱和度颜色时表现比较明显，如图 4.1.4 所示，由于阳台瓷砖的饱和度过大，颜色的溢出比较严重，影响整体环境。为了避免这种现象，可以通过改变物体材质或在细节面板 Lighting 栏中的 Diffuse Boost 参数来实现。

图 4.1.4 Color Bleeding（颜色扩散）

4.2 光源的类型

UE4 中有 4 种光源类型： Directional Light（定向光源）、Point Light（点光源）、Spot Light（聚光源）、Sky Light（天光）。四种光源各有其功能和用处，利用这些特点便能轻松模拟出任何想要表现的场景，如图 4.2.1 所示为 UE4 中的 4 种光源类型的标识。

图 4.2.1 光源类型标识

4.2.1 Directional Light（定向光源）

定向光源常用在室外环境中，通常被模拟成太阳光使用，用来表现无限远处发来的平行光源，如图 4.2.2 所示为模拟太阳光照进室内的效果。

图 4.2.2 定向光源

通过展开定向光源的细节面板，介绍部分常用类型的参数，如图 4.2.3 所示。

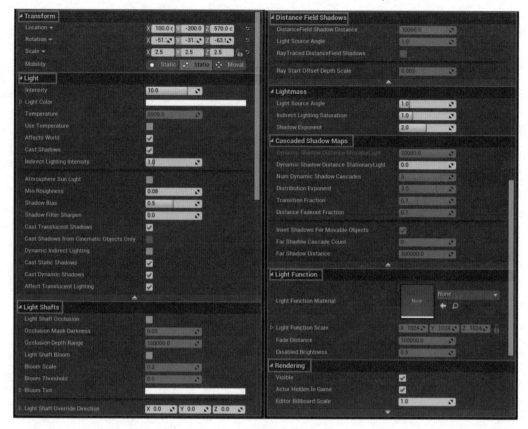

图 4.2.3 定向光源常用参数

Transform（变换）栏参数表格

Location（位置）	灯光位置信息，对定向光源没有影响，只会改变图标所在位置
Rotation（旋转）	旋转信息对定向光源起主要作用，可以改变光源的照射角度
Scale（缩放）	灯光缩放信息，对定向光源没有影响
Mobility（移动性）	静态、固定、可移动 3 种状态；在后续章节将做详细讲解

如图 4.2.4 所示，定向光源带着的箭头便是方向的指示，直接对其旋转便可直观地模拟太阳入射方向的变化。

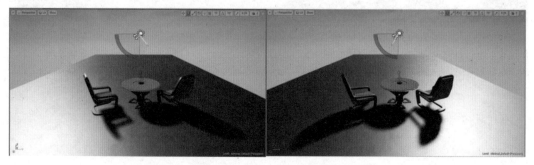

图 4.2.4 定向光源的方向指示

Light（灯光）栏参数表格

Intensity（强度）	光照的强度，默认值为 10
Light Color（灯光颜色）	光照的颜色，正常用白色，保证白平衡
Temperature（色温）	可以模拟真实世界的各时间段，如清晨、黄昏。数值越小色调越暖，反之则越冷
Use Temperature（激活色温）	激活色温选项
Affects World（影响世界）	关闭光源，此选项不可设置互动环节。要想在运行过程中设置开关太阳效果，可以改变它的 Visibility（可见性）属性
Cast Shadows（投射阴影）	光源是否投射阴影
Indirect Lighting Intensity（间接光照强度）	缩放来自光源的间接光照的量
Atmosphere Sun Light（大气层的太阳光）	此选项激活后可更改太阳的位置，模拟斗转星移的效果
Min Roughness（最小粗糙度）	光源的最小粗糙度，用于使高光变得柔和
Shadow Bias（阴影偏差）	控制光源的阴影精细度
Shadow Filter Sharpen（阴影滤镜锐化）	阴影滤镜锐化该光源的强度
Cast Translucent Shadows（投射半透明阴影）	让光源透过半透明物体投射动态的阴影
Dynamic Indirect Lighting（动态间接光照）	是否要将光照加入全局光照数值里
Cast Static Shadows（投射静态阴影）	是否投射静态阴影
Cast Dynamic Shadows（投射动态阴影）	是否投射动态阴影
Affect Translucent Lighting（影响半透明光照）	是否影响半透明物体

● Temperature（色温）：利用色温可模拟真实世界的各时间段，如清晨、黄昏。数值越小色调越暖，数值越大则色调越冷。使用前单击 Use Temperature（激活色温），如图 4.2.5 所示。

图 4.2.5 Temperature（色温）

● Shadow Filter Sharpen（阴影滤镜锐化）这个参数会经常用到，能表现阴影边缘的柔化程度，可以模拟太阳投射阴影的虚实度，如图 4.2.6 所示。

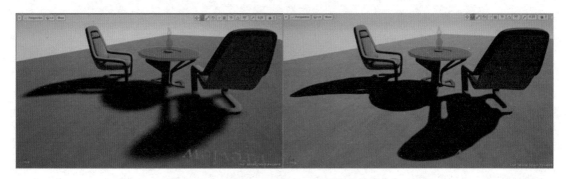

图 4.2.6 Shadow Filter Sharpen（阴影滤镜锐化）

Light Shaft（光束）栏参数

Light Shaft Occlusion（启用光束遮挡）	同屏幕空间之间发生散射的雾和大气是否遮挡光线
Occlusion Mask Darkness（遮挡蒙版的黑度）	遮挡蒙版的黑度，数值为 1 则不会变黑
Occlusion Depth Range（遮挡深度范围）	和相机之间的距离小于这个值的任何物体都将会遮挡光束
Light Shaft Bloom（启用光束的光溢出）	是否渲染这个光源的光束的光溢出效果
Bloom Scale（光溢出）	缩放叠加的光溢出颜色
Bloom Threshold（光溢出阈值）	场景颜色必须大于此处的值才能在光束中产生光溢出
Bloom Tint（光溢出色调）	给光束发出的光溢出效果着色所使用的颜色
Light Shaft Override Direction（光束方向覆盖）	可以使光束从另一个地方发出，而不是从该光源的实际方向发出

Lightmass（静态全局光）栏参数

Light Source Angle（光源角度）	定向光源的发光点相对于一个接收者伸展的度数，它可以影响半影大小
Indirect Lighting Saturation（间接光照饱和度）	该项值如果为 0，将会在 Lightmass 中对该光源进行完全的去饱和度
Shadow Exponent（阴影指数）	控制阴影的半影衰减

Cascaded Shadow Maps（级联阴影贴图）栏参数

Dynamic Shadow Distance MovableLight（可移动灯光的动态阴影距离）	从摄像机位置算起，对于可移动灯光而言，级联阴影贴图生成阴影的距离
Dynamic Shadow Distance StationaryLight（固定灯光的动态阴影距离）	从摄像机位置算起，对于固定灯光而言，级联阴影贴图生成阴影的距离
Num Dynamic Shadow Cascades（动态影子数）	整个场景分不到视锥中级联的数量
Distribution Exponent（分配的数值）	控制级联分布是靠近摄像机或远离的值
Transition Fraction（一些过渡）	级联之间过渡的比例
Distance Fadeout Fraction（淡出的距离）	控制动态阴影淡出区域的大小
Inset Shadows for Movable Objects（可移动物体产生影子）	即便是级联阴影贴图启用时，是否使用逐个物体的阴影交互

Light Function（光照函数）栏参数

Light Function Material（光照函数材质）	应用到这个光源上的光照函数材质
Light Function Scale（光照函数缩放比例）	缩放光照函数投射
Fade Distance（衰减距离）	光照函数在该距离处会完全衰减所设的值
Disabled Brightness（禁用的亮度）	当指定了光照函数但却将其禁用了时，光源应用的亮度因数，参照上面的属性

Randering（渲染）栏参数

Visible（可见性）	可以做动态灯光的开关动画
Actor Hidden In Game（在游戏中隐藏控件）	仅在编辑中可见，游戏中不可见
Editor Billboard Scale（编辑图标尺寸）	缩放图标的尺寸

4.2.2　Point Light（点光源）

点光源表示从一个点向四周发散的光源，例如现实中的灯泡，如图 4.2.7 所示。

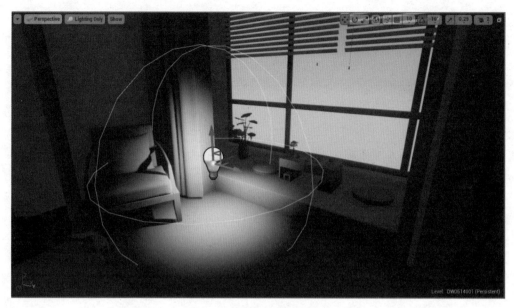

图 4.2.7 Point Light（点光源）

点光源常用参数（参考图 4.2.8）

Intensity（强度）	光照的强度，默认为 5000
Light Color（灯光颜色）	光照的颜色
Attenuation Radius（衰减半径）	衰减的范围
Source Radius（光源半径）	设置光源的半径，以决定静态阴影的柔和度和反射表面上的光照的外观
Source Length（光源长度）	设置光源的长度
Temperature（色温）	调节冷暖的色温值
Use Temperature（激活色温）	激活色温选项
Affects World（影响世界）	关闭光源
Cast Shadows（投射阴影）	光源是否投射阴影
Indirect Lighting Intensity（间接光照强度）	缩放来自光源的间接光照的量

提示：有关其他板块的相同参数请参考定向光源部分的解释。

图 4.2.8 点光源常用参数

示一个淡蓝色范围框，这便是衰减半径的边界，光线强度从发射点到边界逐渐减弱直至消失，范围以外将不接收光照信息。

● Source Radius（光源半径）：此选项设定了光源的大小，默认为 0；半径大小用黄色框显示，利用此选项能表现阴影的柔和度与反射的光斑大小。

● Source Length（光源长度）：可以将光源的形态变长，比如用来模拟灯槽里的灯带。

● IES Texture（IES 贴图）：光源概述文件所使用的 IES 文件。

● Light Functions（光源函数）：用材质特性来实现灯光的形状。

● Attenuation Radius（衰减半径）：为模拟各种效果，UE4 里的点光源被设定一个影响范围，在选中状态时会显

点光源不同参数效果演示如图 4.2.9 所示。

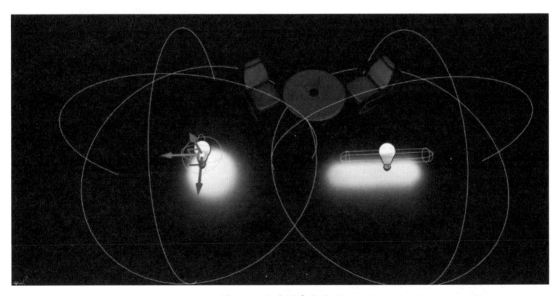

图 4.2.9 点光源参数演示

4.2.3 Spot Light（聚光源）

聚光源以一个点向特定方向发散光形成锥体的形态，类似现实中的手电筒，如图 4.2.10 所示。

图 4.2.10 聚光源

聚光源的常用参数（参考如图 4.2.11 所示）

Intensity（强度）	光照的强度，默认为 5000
Light Color（灯光颜色）	光照的颜色
Inner Cone Angle（内锥角）	设置聚光源的内锥角，以度数为单位
Outer Cone Angle（外锥角）	设置聚光源的外锥角，以度数为单位
Attenuation Radius（衰减半径）	衰减半径的范围
Source Radius（光源半径）	设置光源的半径，以决定静态阴影的柔和度和反射表面上的光照的外观
Source Length（光源长度）	设置光源的长度
Temperature（色温）	调节冷暖的色温值

提示：其他板块的相同参数请参考定向光源部分的解释。

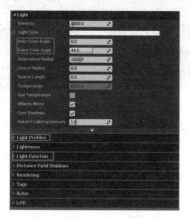

图 4.2.11 聚光源重点参数

● Attenuation Radius（衰减半径）：与点光源类似，不同的是聚光灯的衰减半径表现为锥体的长度，光的强度从中心到边界逐渐递减，如图 4.2.12 所示的 3 号灯显示，锥形框以外的范围将不受光照作用。

● Inner Cone Angle（内锥角）和 Outer Cone Angle（外锥角）：这组选项经常会搭配使用，内锥角的光线显示当前参数的最大亮度，外锥角表示衰减范围，由内锥角到外锥角，光照会发生衰减，如图4.2.12所示的2号灯照射的地面亮度会有一个阴影过渡的效果，若将内外锥角的数值设置相同，即可达到图中1号灯的照射效果，可以用来模拟舞台上的追光灯。

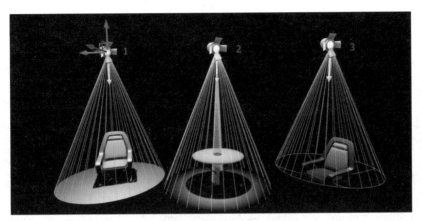

图 4.2.12 聚光源不同参数演示效果

● IES Texture（光域网贴图）：光域网是灯光的一种物理特性，确定光在空气中的不同发散方式，形成了不同的光照形状。比如生活中常见不同型号的手电筒和墙壁射灯等，它们投射的灯光图案也是不一样的。光域网是将灯光亮度的分布用三维的模式制作成了IES文件，从而方便使用。

提示：在室内效果图制作过程中，经常会使用特殊形状的IES光源，UE4里光域网的使用跟3ds Max使用方法相同，不同的IES文件，可以模拟不同的灯光纹理。聚光源使用IES文件的频率很高，如图4.2.13所示，IES文件在光源移动性为静态时不可加载，必须将移动性改为固定或可移动时才能激活Light Profiles（光源概述文件）面板，接着添加IES文件，若需要静态灯光，则再次将移动性更改回静态，此时光照便有了纹理信息。

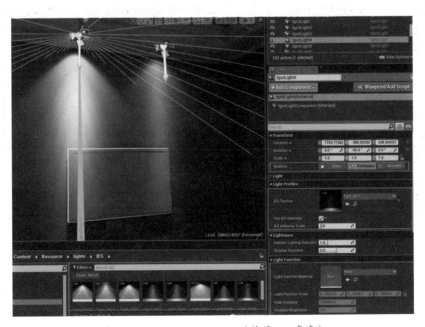

图 4.2.13 Use IES Brightness（使用 IES 亮度）

● Use IES Brightness（使用 IES 亮度）：通过选择 IES 文件的亮度来代替灯光本身亮度。结合 IES Brightness Scale（IES 亮度缩放）参数来实现控制。

● Light Functions（光源函数）：通过一种材质类型实现光源的形态，应用与投影仪类似。通过使用 UE4 材质编辑器的强大功能，光源函数可以塑造光源形状、创建有趣的阴影效果并提供更多的其他选项。光源函数不可以改变光源的本身颜色，如图 4.2.14 所示。

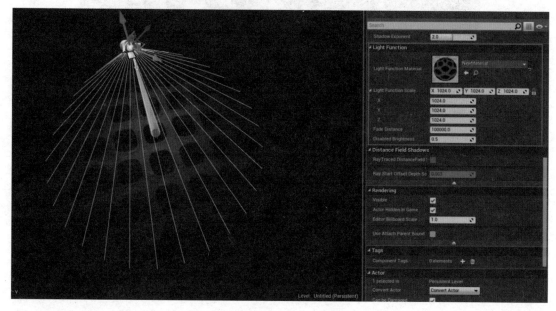

图 4.2.14　Light Functions（光源函数）

如图 4.2.15 所示，可模拟出灯光闪烁的动画效果，在材质面板里将材质模式改为灯光函数方可激活。

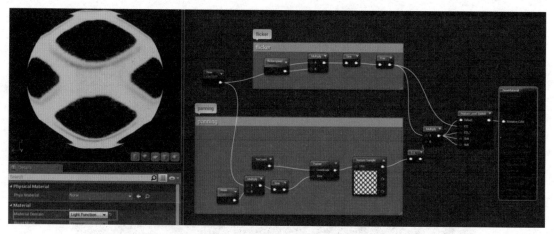

图 4.2.15　模拟灯光闪烁动画

4.2.4　Sky Light（天光）

天光则是环境光，由任何光线经过大气层漫反射、折射混合而成，如图 4.2.16 所示的为左侧（无天光）和右侧（有天光）的对比，明显发现右侧环境受到天空环境光的影响。

图 4.2.16 无天光和有天光两者对比

天光重要参数

Source Type（源头类型）	两种来源：SLS Captured Scene（获取场景）和 SLS Specified Cubemap（指定立方体贴图）
Cubemap（立方体贴图）	天空光照用一张 Cubemap 贴图来模拟
Sky Distance Threshold（天空距离临界值）	SLS Captured Scene 类型的一个重要数值，用来确定距离
Lower Hemisphere is Black（低于半球以下的是黑色）	将来自下半球的光线设置为 0，防止下半球的光线溢出

Source Type（光源类型）

● SLS Captured Scene（获取场景）：获取远距离的场景并用作光照的来源，此选项受 Sky Distance Threshold（天空距离临界值）的数值影响，可以理解为在这个距离以外的任何物体将被认为是天空的一部分，比如天空的云层、远处的山脉等，这些物体自身的颜色亮度将被当作天空的光源，同时也会影响环境的反射。

● SLS Specified Cubemap（指定立方体贴图）：它表示指定一张立方体贴图来作为天空光源，这种模拟方式并不真实，但是比较方便。Cubemap 文件必须是 HDR 格式才可识别，如图 4.2.17 所示。

提示：如果更改天空球使用的贴图，可能
无法自动更新到光照信息中。需要天光在
重新构建光照时被重新捕获，或者在 Sky
Light 菜单上单击 Recapture Scene（重
新捕获场景）按钮更新。

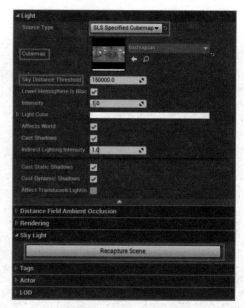

图 4.2.17 Source Type（光源类型）

4.3　光源的移动性

在每个光源的 Transform（变换）区块中，可以看到 Mobility（移动性）的 3 个属性：Static（静态）、Stationary（固定）和 Movable（可移动）。不同的设置在光照效果上有着显著的区别，并且性能上也各有差异，如图 4.3.1 所示。

图 4.3.1 Mobility（移动性）

4.3.1　Static Light（静态光源）

静态光源表示在后期运行时不能再度更改和移动变化。通常先设置好参数，通过光照贴图构建进行计算后，不能再进一步更改。

静态光源仅使用光照贴图，在项目运行之前，场景的阴影已经存在，这意味着静态光源不能再给移动对象产生阴影。只有当照亮的对象也是静态模型时，静态光源才可以产生光源影响区域里的阴影。静态光源在工程运行过程中表现出质量中等、性能消耗最低、不可变性等特点。

● 光源半径：可以控制影子的柔和虚化效果，如图 4.3.2 所示，左侧灯半径为 0，投射的阴影边缘很硬，右侧灯光增加适量的半径，产生较虚的软阴影效果。

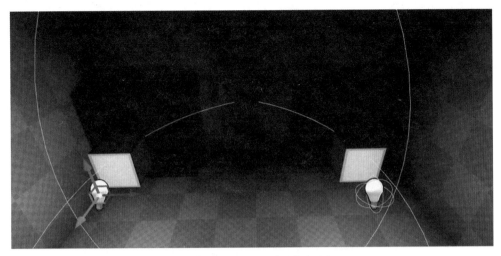

图 4.3.2 Static Light（静态光源）

● 静态阴影：UE4 场景构建以后，静态光源只会产生静态的光照和阴影，如果项目里有移动对象经过此静态光源范围内将无法被照明并产生阴影，如图 4.3.3 所示：场景中左侧为静态光源，无法对移动的 BOX 产生阴影；右侧为固定或移动光源能实时地产生阴影。

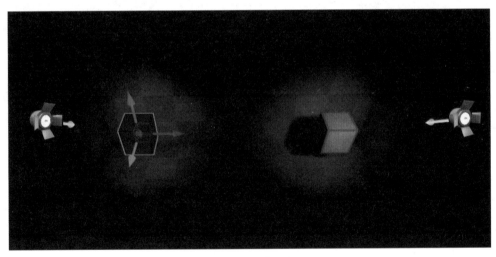

图 4.3.3 静态阴影

4.3.2 Stationary Light（固定光源）

固定光源仅保持固定位置不变，但可以改变其亮度和颜色等信息，这是与静态光源的主要区别，同时也提供光源函数或 IES 概述文件的使用，固定光源在运行时对亮度和颜色的变动仅会影响它对物体的直接光照，因为间接光照是通过 Lightmass（灯光构建）进行计算的，所以不会对整体环境产生影响。

固定光源包含静态光照和动态光照，固定光源生成的间接光照和阴影是静态的，都存储在光照贴图中，亮度和颜色等信息可以是动态实时计算的。直接阴影被存储在阴影贴图中。这些光源使用距离场阴影，这意味着即使所照亮的物体的光照贴图分辨率很低，它的阴影也可以保持清晰。

在工程文件运行中，可以通过修改光源的 Visible（可见性）属性来显示或隐藏该光源。比如制作开关灯效果。光源的实时阴影具有较大的性能消耗，渲染一个有阴影的动态光源所带来的性能消耗，是渲染一个没有阴影的动态光源的20倍。因此在项目设置中，除需要做灯光变换的特殊功能外，其他灯光尽量使用静态类型。固定光源可以表现出最好的质量、适中的可变性，以及适中的性能消耗。

● 固定灯光数量的控制。实验证明，同一个区域里最多只能有 4 个固定光源产生光照重叠，因为这些光照阴影必须被分配到阴影贴图的不同通道里，系统可能默认的只有 3 个阴影贴图通道，由于这种结构设定，所以通常仅允许少于 4 个光源影响范围重叠。一旦达到通道的极限，其他固定光源将会使用全景动态阴影，这会带来很大的性能消耗。通过使用 Stationary Light Overlap（固定灯光）视图模式来可视化地查看是否有重叠现象，现象会跟随灯光的修改而动态更新。当某光源无法分配到一个通道时，该灯光的图标便会出现一个红色的"X"符号，如图 4.3.4 所示，由于 3 号固定灯和其他固定灯的范围产生重叠，所以给出提示，需要将灯光范围缩小到合适范围内才能避免此情况的发生。

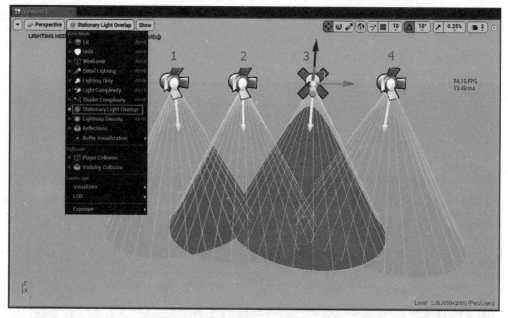

图 4.3.4 固定灯光数量的控制

● 动态阴影：固定光源产生的光照和阴影是实时计算的，每个移动对象从固定光源创建出两个动态阴影，一个是环境投射到该对象上的阴影，一个是该对象投射到环境中的阴影。因此，固定光源唯一的消耗来源于它所影响的移动对象数量。

● 固定的定向光源动态阴影：UE4 针对 Directional Light（定向光源）做特殊处理，系统采用 Cascaded Shadow Maps（级联阴影贴图）的阴影模式，让定向光源可以进行动态和静态阴影的转换。比如在室外场景中，当模拟风吹树动的效果，动态树会对周边产生动态的阴影，为了节省资源消耗，动态阴影会随着人视角的距离而渐变为静态阴影，当我们离得很近时，以定向光源投射实时阴影，产生影子动画；当视觉远离阴影时，阴影转换成静态。为了达到这种效果，把 Cascaded Shadow Maps（级联阴影贴图）、Dynamic Shadow Distance Stationary Light（动态阴影距离固定灯光）参数设置到合适范围即可，如图 4.3.5 所示。

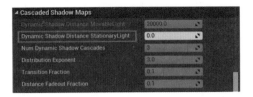

4.3.5　固定的定向光源动态阴影

色、衰减、半径等多种属性。可移动光源的光照信息不会被 Lightmass 构建成贴图，也不会参与间接光照。它还可以自由地在任何物体上投射动态阴影，所以在 3 种灯光状态里造成最大的性能消耗，消耗的程度主要取决于受该光源影响的模型个数，以及单个模型的三角面数。

4.3.3　Movable Light（可移动光源）

可移动光源产生完全实时的光照和阴影，运行过程中可以改变光源位置、角度、亮度、颜

可移动光源的应用有很多，比如绑定在移动物体上面的光源；比如第一人称漫游时手里拿着的手电筒。移动光源同时也受 4 个灯光范围重叠不可使用的限制。

4.4　室内灯光的布置

本节讲解室内场景的灯光布置方法和流程以及技巧的分享。UE4 的室内布光原理与 3ds Max 的效果图制作原理是极其相似的，只不过前者制作的是三维整体空间，后者只需要针对一个角度，所以 UE4 的布光手法需要考虑更多的因素。为了真实地模拟室内光线，就要多观察现实中的真实光线。

4.4.1　灯光布置思路

通常在创建一个项目场景时，会自带一些初始默认环境元素，比如：Sky Sphere（天空球）、Atmospheric Fog（环境雾）、Light Source（光源）等，若没有这些元素，场景将呈现一片黑暗。对于场景中的这些元素可以进行添加。

在对场景进行灯光布置前，将场景切换为仅光照模式后分析此场景为白天或者是夜晚等其他时间段。在以下场景中我们模拟夜晚时间段去布置灯光，基本思路布置如下。

步骤 ❶　首先放置太阳光，利用太阳光测试亮度进入窗户，并在窗口位置使用聚光源添加环境光，场景所有的静态网格物体统一使用 64 分辨率进行第一次构建。对构建后的模型进行分析，观察场景亮度是否适中，最重要的是，检查出 UV 问题的模型对其进行修改。

步骤 ❷　当场景光照亮度不够时，再添加聚光源、点光源等光源来提高场景光照。

4.4.2　灯光的创建

1. 模拟环境光

天光产生的间接光照会进入室内场景，要模拟出这种环境光效果，使整个场景在没有主光源的情况下变亮，外部光线是从窗户进入的，因此场景光线会呈现出从外到内逐渐递减的效果，这一来光线既有方向性，也有层次感。

在不放置任何灯光的情况下，可以使用 World Settings（世界设置）面板里的 Lightmass（静

态全局光）栏来实现，如图 4.4.1 所示，更改 Environment Color（环境颜色）从黑色到淡蓝色来模仿天空光源，以及提高 Num Indirect Lighting Bounces（间接光照的反弹次数）的值等其他参数。这是一种可行方法，但并不建议多用，因为这需要更多的计算时间，当反弹次数设置得越多，构建所花费的时间就越久（您需要了解这种方法的原理，若在特殊的情况下可以利用这些参数解决出现的问题）。

图 4.4.1　模拟环境光

2. 添加 Sky Light（天光）

在放置模式中把天光拖进场景中。可直接选捕捉天空球作为天空光源或使用球形 HDR 贴图来做天空光源。后者的好处是，可以用不同 HDR 贴图来做不同环境色使用。UE4 虽然有天光光源的功能，但其效果并不理想，主要表现为天光所带来的间接照明比较弱。这也要取决于所使用的默认参数和前面提到的间接光照次数，考虑到工作效率和模拟的真实度，接下来需要一个更好的方法解决问题，如图 4.4.2 所示。

图 4.4.2　添加 Sky Light（天光）

3. 添加灯光阵列

由于室内的进光量较小，使用 Spot Light（聚光灯）增加室内的光量。以下操作仅供参考，不作为固定灯光表现手法，主要目的在于阐述布光的思路。

步骤 ① 场景中放置一盏聚光灯，将其旋转 90° 拖曳到窗户正前方，距离适中，调整其主要的参数，增加亮度。Light Color 天光一般为淡蓝色；Inner Cone Angle（聚光灯内角）范围数值 1，外角范围 90；Source Radius（光源半径）设一个合理参数，可以增加软阴影的效果；Attenuation Radius（衰减半径）需要包裹整个室内，这样才能照进室内最里面的空间；使用相同方法布置其他的光照，如图 4.4.3 所示，显示聚光灯构建后的效果。

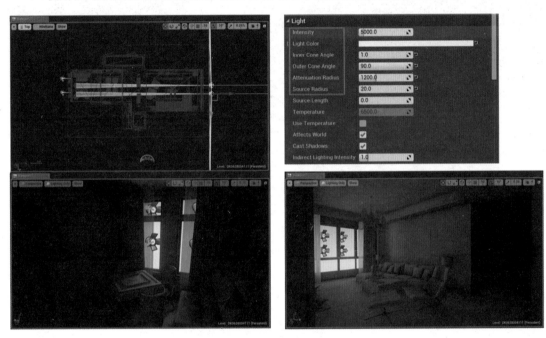

图 4.4.3 添加 Spot Light（聚光灯）

提示：

为了方便观察，可以更改显示模式为 Lighting Only（仅灯光），如图 4.4.4 所示。

若出现某些遮挡光照的物体，为了场景美观，避免产生大面积阴影，可以将物体的投影属性关闭。找到物体细节面板中 Lighting（灯光）栏下的 Cast Shadow（投影），将其取消勾选。

一些设计师使用一盏灯来做补光，但单个光照与阴影的效果并没有阵列灯光来得细腻柔和。

图 4.4.4 Lighting Only（仅灯光）

4. 添加太阳光

在场景内放置一个 Directional Light（定向光源）作为主光源用来模拟阳光（若表现阴天效果则无须添加）。阳光的常用参数多为亮度和颜色，设置阳光颜色偏黄，日出和傍晚时分阳光偏红。在布置阳光后，可以发现太阳的阴影在投射的表面上呈现了不规则的形状，此时可以对模型 UV 重新展开，再导入使用。还可以通过给被投影物体提高灯光分辨率，如图 4.4.5 所示，左图是默认的分辨率为 64，右图是分辨率为 512 的效果。

图 4.4.5 添加太阳光

在参与一场 UE4 官方技术分享会上学习到，想要有真实的灯光就要了解自然界的实际光比，需要控制场景的光比。因此，专业的设计人员就会考虑太阳光到底需要多少数值，通常根据自然界的照明系统，太阳光高度可能是天光的 8~10 倍。

5. Lightmass 的构建

当室内基本灯光布置完毕后，可以进行第一次构建，用来查看场景效果和可能出现的 UV 问题。在此了解一下构建的常用参数。点开工具栏中的 Build（构建）下拉菜单，选中 Lighting Quality（灯光质量），如图 4.4.6 所示。

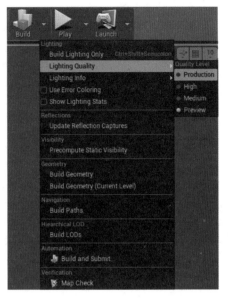

图 4.4.6 Lighting Quality（灯光质量）

常用参数注解

Build Lighting Only（仅构建光照）	开始构建，等同于单击 Build 按钮
Lighting Quality（灯光质量）	构建的光照质量，有 4 个级别，分别为产品级、高级、中级、预览
Lighting Info（灯光信息）	灯光信息相关设置的对话框
Use Error Coloring（使用错误颜色）	启用后，光照构建过程中的错误将作为颜色被烘焙到光照贴图中
Show Lighting Stats（显示光照统计数据）	启用后，当构建成功时将显示包含光照性能和内存的测量

1）Lighting Quality（灯光质量）

灯光质量分为 Production（产品级）、High（高级）、Medium（中级）、Preview（预览级），这是我们常用的选项。在前期测试时一般使用 Preview（预览级）进行构建，确认有无光照信息的错误。预览级别用最低的参数构建光照，因此有着速度快的优势，但质量较差。最终效果出来后再更改为高级或产品级别做最终构建。

2）优化构建的时间

构建一个场景可能需要等待很长时间，下面列举一些优化 Lightmass 构建时间的方法：

● Lightmass Importance Volume（全局光体积），如图 4.4.7 所示：将 Lightmass Importance Volume 拖入场景并包裹住重要表现的区域。此体积的作用是包裹内的场景用高级别构建，包裹以外的场景用低级别构建，这能有效地避免在次要场景里花费高级别的构建时间，这在室外或大场景里特别常用。

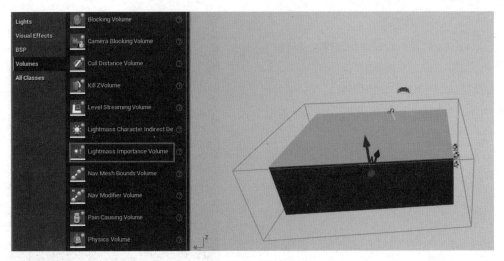

图 4.4.7 全局光体积

● 合理设置物体的光照分辨率：仅在拥有重要表现的光照区域内使用高分辨率的光照贴图。
降低不在直接光照中的物体光照贴图的分辨率；降低不受高锐度间接阴影的 BSP 物体光
照贴图分辨率；视觉上不突出的模型，也应该降低其光照贴图分辨率。光照贴图分辨率在
太阳光的使用时讲解过，默认值为 64，需要按不同情况酌情修改，数值越大接受光照越
充足，但构建越慢，如图 4.4.8 所示。

图 4.4.8 光照分辨率

● 其他情况：为了避免在大面积区域使用连续的大面积网格物体并且设置高分辨率的光照贴
图，应该将大块物体切割分段，面数多的复杂物体进行拆分。具有自我遮蔽的网格物体会
需要更多的时间来构建光照，比如有好几个平行层的结构物体比单纯的物体要花费更多的
构建时间。

在首次构建后，通过 Lighting Build Info（光照构建信息）统计框，可以查看每个静态网格
物体构建所花费的时间。打开方式如图 4.4.9 所示：单击 Window 菜单下的 Statistics（统计）窗
口或者单击 Build（构建）下拉菜单→Lighting Info（光照信息）→Lighting StaticMesh Info（静
态网格物体光照信息）→从下拉框中选择 Lighting Build Info （光照构建信息）。这里可以看到
按花费时间排序的网格物体列表，可找出那些费时物体。

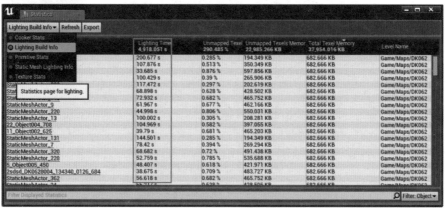

图 4.4.9 光照构建信息统计框

● 计算机配置：构建与效果图或动画渲染一样，多核处理器总比单核的速度快，网渲总比单机的速度快，UE4 里的网渲被称作分布式构建。

3) 开始构建

整理优化过场景后，设置好质量级别，单击工具条上的 ■（构建）按钮直接进行构建，稍后屏幕的右下角会出现下图百分比进度提示，此时若想终止构建，可以单击 Cancel 按钮进行取消。

待构建完成时，单击 Keep 按钮进行保留。

4) Swarm Agent 的启动

UE4 的 Lightmass 构建是通过 Swarm Agent（联机代理）来进行的，Swarm Agent 可以在本地管理光照构建或将光照构建分配给远程计算机，让同个网络里的其他空闲机器参与构建，缩短整体构建时间。

（1）单机构建：本机构建直接单击构建便

可启动 Swarm Agent。默认开启在计算机任务栏的最小化图标里，它会显示光照构建过程中的单个计算机进展和总体进度，如图 4.4.10 所示 Swarm Agent 的工作截图（在底部附近的长条显示光照构建完成进度）。

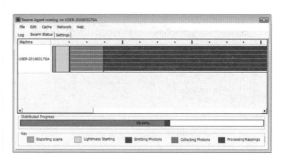

图 4.4.10 单机构建

（2）联机分布式构建：联机构建是提高工作效率的重要方法，首先确保参与构建的计算机系统都是 64 位的，并且需要在同一个局域网内，安装好 Visual C++64 位运行库和 DX 组件。设置一台主机，运行 SwarmCoordinator（联机调度器），刚启动的调度器里是没有内容的。

设置参与联机的其他计算机，若这些计算机没有安装过 UE4，如图 4.4.11 所示，则需要

复制粘贴图中路径下的 a 部分文件到其他计算机。若这些计算机已经安装 UE4，直接双击路径下的
SwarmAgent 文件。

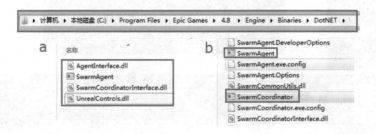

图 4.4.11 SwarmAgent 文件

启动其他参与联机的 SwarmAgent，如图 4.4.12 所示，转到 Settings（设置）栏，设置
Distribution Settings 栏中的几个重要参数。

AgentGroupName	局域网联机的计算机组名必须是一样的
AllowedRemoteAgentGroup	允许那个组发过来的任务，写下相同的名字
AllowedRemoteAgentNames	允许单个 Agent 发过来的任务，默认为 *，表示接受任何人发过来的任务
AvoidLocalExcution	避免本地构建，只利用联机的计算机，默认 false
CoordinatorRemotingHost	运行 SwarmCoordinator.exe 的主机 IP（必须设置）
EnableStandaloneMode	开启本地构建，只在本地构建，默认 false

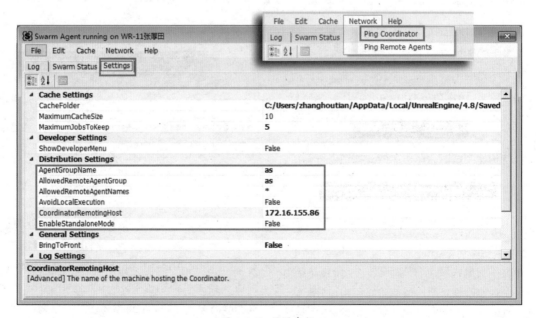

图 4.4.12 设置参数

在每台联机的计算机上单击 Network 菜单栏下的 Ping Coordinator，此时返回主机，可发现
SwarmCoordinator 的界面上出现联机计算机的相关信息，如图 4.4.13 所示。若没有任何反应，则

可能是连接失败，需要筛选相关的设置进行排错，有时需要关闭阻碍网络连接的防火墙之类的软件。

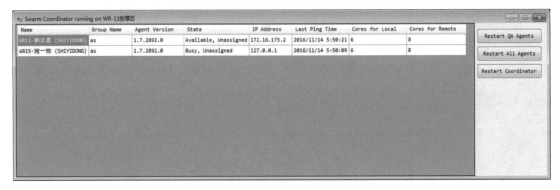

图 4.4.13　SwarmCoordinator 界面

设置好配置，单击光照构建，任务就会被分发下去。从发起构建的主机端可以看到所有参与联机的进度条，如图 4.4.14 所示。

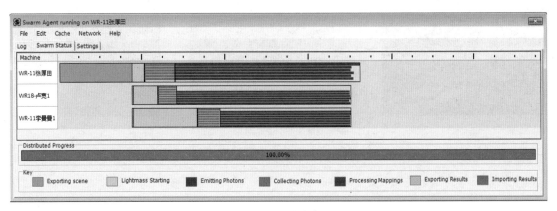

图 4.4.14　进度条

（3）常见问题提示：发起构建之后只有一台计算机参与，其他的没有反应。有可能是因为工程量太小，造成 Unreal Swarm 计算得出没有必要分配任务。

网络问题。首先要确保主机的 Coordinator 上能够看到所有的计算机，然后通过联机计算机的 SwarmAgent 菜单栏上的 Network → Ping Remote Agents 来检测和其他计算机的连接状态。如果连通，就可以在 Log 下面看到其他 Agent 的名字和 IP。如果能连通但仍不能连上，请尝试关闭 Windows 防火墙。

不要在无线路由下进行联机。无线网络带宽小，会拖慢整体速度。

若计算机有多块网卡，产生多个 IP 地址；需使用正确的 IP，禁用错误的 IP 网卡。

保证参与的计算机为 64 位，且已经安装了 VC 64 位运行库和 DX 组，否则 UnrealLightmass 会导致启动失败。

如果不是直接运行 SwarmAgent.exe 文件，而是由 UE4 的编辑器启动的 SwarmAgent，构建时可能会启动另外一份配置文件，结果需要重新进行配置。

4.4.3　检查错误的光照贴图

当构建完场景后，需要检查一次光照贴图有无错误之处。此时此刻，大家才会体验到前期模型优化的重要性，若前期模型没有处理好灯光 UV 制作，在构建后的光照贴图错误应该会很多，如图 4.4.15 所示。

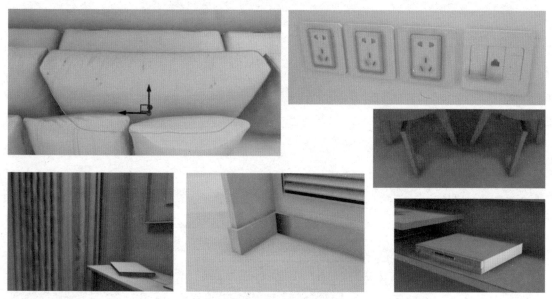

图 4.4.15　检查场景

光照贴图经常出现脏面、黑面以及亮面等问题，造成这些问题的主要原因多是模型本身的光照 UV 没有充分地展开，导致光照被分配得不均匀，间接造成分辨率不够用的情况。

（一）解决方法

返回 3ds Max 场景，找到问题模型并对其重新进行展 UV 的操作。

使用 UE4 自动展 UV 功能（此方法若无法解决，返回方法一）；操作如图 4.4.16 所示，选择此模型，双击细节面板中的静态网格，■■■■■自动弹出物体网格的面板。

在面板中按如下步骤操作。

1	单击 UV 显示按钮，UV 出现在左下角，发现 UV 很零碎，此时显示的是 UV 通道 0。
2	将 UV 通道 0 切换成通道 1，此时显示出通道 1 的 UV，这便是光照贴图的 UV。
3	勾选 Generate Lightmap UVs（生成光照贴图 UV）。
4	将 Min Lightmap Resolution（灯光贴图最小分辨率）设置成 2 的 N 次方，默认 64，尺寸越大，UV 效果越精密，通常设置成 512。
5	单击 Apply Changes（同意转变）按钮。
6	计算并显示出重新生成的 UV。计算完后，原光照贴图会自动丢失，需要重新构建。

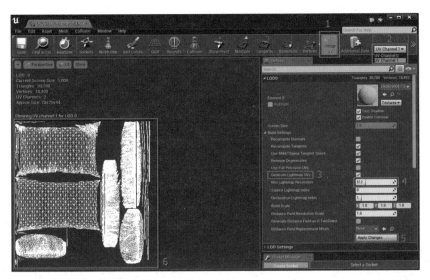

图 4.4.16 使用 UE4 自动展 UV

模型本身灯光分辨率不足，提高模型细节面板上的 Overridden Light Map（重写灯光贴图）参数，对于大面积复杂物体，64 明显太小，视情况提高其分辨率，通常改成 256、512 已经足够，1024 为极限。过多的高分辨率设置会导致总体构建时间变长，如图 4.4.17 所示。

图 4.4.17 增加分辨率

单击菜单栏 Window 下拉列表里的 Statistics（统计）窗口，弹出统计面板，切换到 Static Mesh Lighting Info（静态网格灯光信息）板块，显示出所有物体的信息，在列表中全选所有物体，单击 Set To Texture(Res)弹出 Res 框，可以统一更改所有灯光分辨率（据测试只能统一更改一次，通常在前期会统一提高到 128，然后再根据具体情况设定大小），如图 4.4.18 所示

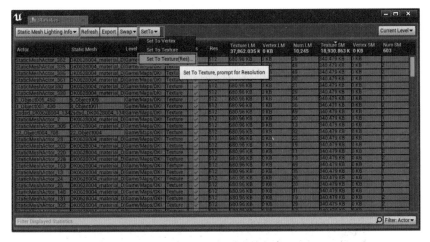

图 4.4.18 Statistics（统计）窗口

提示：批量更改光照贴图分辨率。当分辨率太大，那么将要付出成倍的构建时间。黑面和

亮面的出现，多是两套 UV 未展开的问题，前往 3ds Max 修改后重新导入查看。

（二）室内光源的添加

通过前期介绍白天室内自然光源的布光效果，接下来讲解常用人工光源的模拟方法，比如吊灯、吸顶灯、台灯、筒灯、吊顶灯带等一些其他光源。

● 吊灯的布置：室内的主光源多为影响范围大的灯光，比如吊灯。特别是夜晚，在没有明显的外界光源影响下，室内主光源尤为重要。吊灯的布光多会用到 Spot Light（点光源）。拖曳一个点光源到场景中，将其按吊灯的灯泡数量复制并对齐到灯泡的中心位置，最后将所有的吊灯点光源打组，便于统一调节其参数，如图 4.4.19 所示。

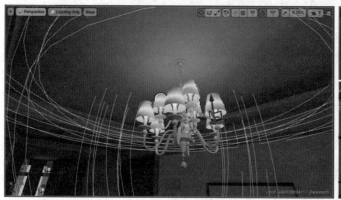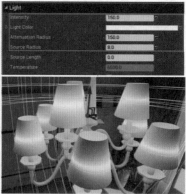

图 4.4.19 吊灯布置

具体调节步骤如下。

1	点光源亮度的默认值太大，将其调小。
2	灯光颜色调节偏暖。
3	适当调节衰减半径。
4	灯光半径调节到刚好超出灯罩的大小（此方法可以实现灯罩半透光的效果，若灯罩为不透光材质，则无须调节（参考图 4.4.20）。

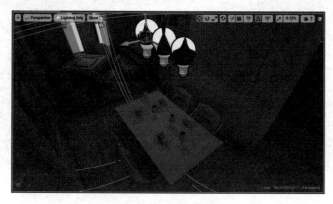

图 4.4.20 灯光半径

● 台灯的布置：台灯的布光手法和吊灯一样，将点光源放置到台灯中心，设置好灯光影响范围，如图 4.4.21 所示。

图 4.4.21 台灯布置

● 灯带的布置：灯带的制作也需要用点光源来模拟。将点光源拖动到灯槽的位置，主要用到其 Source Length（光源长度）参数，注意要点是，将光源半径设为 1，光源长度值尽量靠近灯槽的长度，光源范围不要和模型穿插，会造成漏光，灯光的衰减范围包裹住灯光长度便可，如图 4.4.22 所示为灯带的构建效果；若遇到灯槽过长或者弧形灯槽，则需要采取分段布置。

图 4.4.22 灯带布置

● 吸顶灯布置：当遇到如图 4.4.23 所示的吸顶灯时，需要将聚光灯所为灯泡考虑，聚光灯角度为 90，并且将灯罩模型的阴影属性取消。

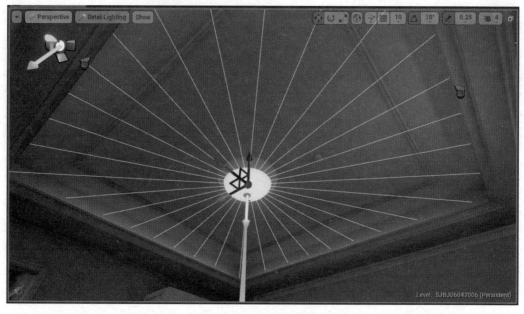

图 4.4.23 吸顶灯布置

● 筒灯的布置：经常用到 SpotLight（聚光灯）来做筒灯的使用，因为聚光灯其锥形的范围可以很好地模拟放射光线，聚光灯的用法在前面介绍灯光种类的章节有过阐述，通常为显示灯光细节会使用到 IES 文件，IES 文件可以在网上下载或者使用效果图制作中的 IES，它们是同种文件。当然点光源也可以使用 IES 文件，并且点光源能更完整地显示出 IES 内容，如图 4.4.24 所示，使用相同的 IES 文件时，点光源与聚光灯的光照对比。聚光灯会丢失 IES 的一部分内容，因为聚光灯的最大圆锥角仅为 180°，超出范围的内容将被遮挡。

图 4.4.24 筒灯布置

● 补光光源的布置：当进光效果不明显时，可以在窗户内部增补一盏聚光灯增加进光的效果，但是范围不要设置太大，避免影响其他物体。关于补光，哪里缺就应该补哪里，比如吊顶有个射灯，那就应该有一个光，桌子上有个台灯，就应该在台灯处布一个光，不要在没有实际光源物体的地方补光，因为有些地方补光反而会不真实，补光太多也容易造成场景阴影太乱，明暗层次不明显，冷暖对比不协调，如图 4.4.25 所示。

图 4.4.25　补光光源布置

● 夜景光线注意事项：夜景与日景的唯一区别便是室外光线的转变，因为没有室外天光的主要光源。首先使用一张合适的夜景贴图，然后模拟出夜晚的环境光。夜晚只有月亮和繁星的微弱光源，因此比日景的进光量要少得多，颜色显得更加深蓝，所以需更改窗户外部光源的亮度和颜色，提亮室内的主光源，使其他光源为辅，起到主次分明的作用，如图 4.4.26 所示。

图 4.4.26　夜景窗户外光线效果

4.5 后期特效的添加

4.5.1 Post Process Volume（后处理体积）

Post Process Volume 是一种特殊体积，需要放置在场景关卡中。UE4 提供的后处理特效功能让美术设计人员能够方便地调整场景的视觉体验。同个场景可以相互叠加多个后处理体积，不同后处理体积拥有独立的不同特效，它们之间相互融合，如图 4.5.1 所示，拖动体积模块的后处理体积到场景中，将其放大至包裹整个场景。

Post Process Volume 中的总体属性参考如图 4.5.2 所示。

图 4.5.2 Post Process Volume 参数设置

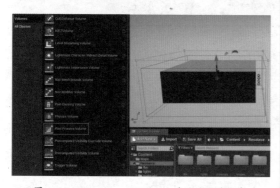

图 4.5.1 Post Process Volume（后处理体积）

Post Process Settings （后处理设置）	后处理体积中各种特效的合集
Priority（优先顺序）	当多个体积重叠时，定义参与混合的次序，优先级高的体积会被更早计算
Blend Radius（混合半径）	体积周围基于 UE4 单位的距离，用于该体积开始参与混合的起始位置
Blend Weight（混合权重）	体积的影响比重。0 代表没有效果，1 代表完全的效果
Enabled（激活）	是否参与后处理混合的效果
Unbound（无约束）	是否考虑边界；勾选，则作用于整个场景，不勾选，则只在体积内起效果

Post Process Settings（后处理设置）

White Balance（白平衡）：调节参数可以更改场景整体色调的白平衡。

Color Grading（颜色分级）：分别控制场景中的 RGB 色值，包含色调映射功能（从 HDR 到 LDR 的转换）和颜色校正功能（从 LDR 颜色到屏幕颜色的转换）。

Film（胶片调色）：模拟电影胶片的暗房调节效果。

通过上述几组调色模块，可以使 UE4 画面呈现不同风格，将不同参数做成模板，结合 UI 按钮可以实现一键风格转换的功能，如图 4.5.3 所示。

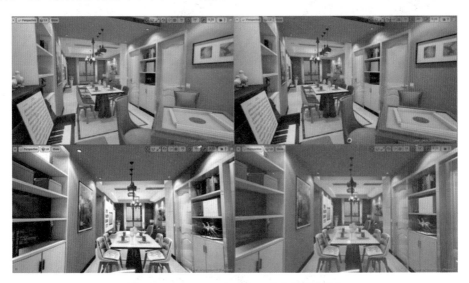

图 4.5.3　Post Process Settings（后处理设置）

Scene Color（场景色彩）：从字面上理解，应该视其为调色方面的属性，但笔者认为其等同于蒙版功能，可以按颜色蒙版，或者通过贴图来做蒙版。在此功能下会有个特殊效果的参数，如图 4.5.4 所示，Fringe Intensity（边纹强度）：有效模拟镜头突进冲刺的效果，然后再结合 Vignette Intensity（晕影强度）和 Grain Intensity（颗粒强度）做些许点缀。

图 4.5.4　Scene Color（场景色彩）

Bloom（光溢出）：光的溢出是真实世界中的自然现象，当用肉眼看暗背景上非常亮的对象时就会产生这种效果，如图 4.5.5 所示。

Intensity（强度）	场景整体光溢出大小
Threshold（阈值）	定义单一颜色需要多少亮度影响光的溢出
#1/#2/#3/#4/#5Size（尺寸）	修改溢出光的层层范围
#1/#2/#3/#4/#5Tint（着色）	修改溢出光的每层颜色亮度

图 4.5.5 Bloom（光溢出）

Auto Exposure（**自动曝光**）：自动调整场景的曝光，官方称为"人眼适应"，犹如人的眼睛从黑暗环境突然进入光明环境时，由于无法突然适应亮度，眼前会白芒一片，看不清环境，当瞳孔慢慢紧缩回来，才能逐渐适应眼前的环境。

此功能的效果默认是打开的，若需关闭，可以将 Min\Max Brightness（最小 \ 最大亮度）统一设置为数值 1。

Exposure Bias（**曝光偏移**）：此值控制场景的曝光偏移量，数值越大场景越亮，数值越小场景越暗，如图 4.5.6 所示。

图 4.5.6 Exposure Bias（曝光偏移）

Lens Flares（**镜头眩光**）：此特效可以在目视高亮度灯光或物体对象时产生的散射光，真实模拟摄像机的镜头缺陷效果。可以更改其强度颜色等参数，系统默认为开启的状态，如图 4.5.7 所示。

图 4.5.7 Lens Flares（镜头眩光）

Ambient Occlusion（环境遮挡，简称 AO）：在前期模型烘焙操作中有过描述，AO 除可用于标准的全局光照外，还用于角落、缝隙等物体，使其变得有深度，从而创建更为自然、真实的表面。此处的 AO 是系统实时计算出来的，可以和材质 AO 组合起来，从而形成更深层次的效果，如图 4.5.8 所示为使用 AO 前后的对比。

Intensity（强度）	控制全局的环境遮挡数量
Radius（半径）	物体或边界相互影响的半径，大的半径值会使运行变得更为缓慢
Radius InWorldSpace（世界空间中的半径）	若启用，AO Radius（环境遮挡半径）属性值将被认为位于世界空间内。否则，则认为其位于视图空间内
Power（力度）	控制变暗的力度
Bias（偏移）	修改 AO 的细节偏移

图 4.5.8 使用 AO 前后的对比

Depth of Field（景深）：景深是基于焦点前后的距离对场景产生的模糊效果，UE4 模拟了现实中摄像机的这个功能。此效果的作用是调动观看者的注意力，使场景有着焦点变换的电影效果。UE4 中提供 3 种景深类型，分别为高斯景深、散景景深、圆圈景深。

● 高斯景深：通过标准高斯模糊对场景执行模糊。适合在游戏中使用，以维持较好的性能。

● 散景景深：表示物体不在焦距中时在照片和影片中看到的效果，为场景带来电影一般的画面感。散景法的性能消耗较高，主要应用在过场动画和展示上，因为在这些情形下漂亮的视觉效果比性能更重要。

● 圆圈景深：圆圈景深与真实摄像机接近，与散景景深相似，且常伴随锐化的 HDR 内容。此算法处理超大的散景时存在缺陷，效果噪点较多，不如散景景深法得出的效果清晰。圆圈景深的默认值较低，便于使用，如需获得高效果，可对其设置进行调整，因此性能消耗居中。

景深重要参数

Method	选择用于模糊场景的 3 种类型
Depth Blur Radius	景深虚化半径像素
Focal Distance	摄像机之间的距离，在此距离内，场景完全处于焦距中，不会出现模糊

续表

Near Transition Range	焦距区较近一边到摄像机之间的距离。使用高斯景深，场景将从聚焦状态过渡到模糊状态
Far Transition Range	焦距区较远一边到摄像机之间的距离
Scale	散景法模糊的整体比例因子
Max Bokeh Size	散景景深模糊的最大尺寸
Near Blur Size	高斯景深近景模糊的最大尺寸
Far Blur Size	高斯景深远景模糊的最大尺寸

景深分为三层：近景、远景、焦距区。每层均单独进行处理，然后通过融合在一起获得最终效果，焦距区以外的物体均使用模糊场景图层，因此想要得到好的效果必须控制好焦距。如图 4.5.9 所示，左侧为焦点在近景，右侧为焦点在远景。

图 4.5.9 Depth of Field（景深）

Motion BLur（运动模糊）：运动模糊基于摄像机运动对目标物体进行模糊处理。这个系统是通过低分辨率创建的全屏速度图来运行的，目标物体基于在此图占的比率而变得模糊。运动模糊的 3 个参数，Amount 控制模糊量、Max 最大值、Per Object Size 控制每个运动物体的模糊大小，如图 4.5.10 所示。

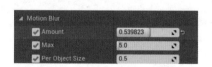

图 4.5.10 运动模糊 3 个参数

Misc（杂项）：此模式包括以下 3 种。

● Screen Percentage（屏幕百分比），以较低的分辨率来渲染场景并随后对其进行缩放。该值代表了场景总体分辨率的百分比。

● AA Method（抗锯齿方法），抗锯齿指的是对计算机显示器中显示的失真或锯齿线性图形进行平滑处理。目前有 FXAA 和 TemporalAA 两种方法，可以切换使用，如图 4.5.11 所示，左侧没开抗锯齿，右侧为 TemporalAA 模式。

图 4.5.11 AA Method（抗锯齿方法）前后

● Blendables（可混合）：也称为后期处理材质，可以理解为将材质融合覆盖在屏幕上，如图 4.5.12 所示。

图 4.5.12 Blendables（可混合）

Screen Space Reflection（屏幕空间反射）： 一般默认启用，可改变材质表面物体的外观。

Intensity	按百分比启用 / 淡出 / 禁用屏幕空间反射功能（为了保持一致性，不使用 0 到 1 之间的数字）
Quality	0 为最低精度，100 为最高精度（50 为默认精度，性能较好）
Max Roughness	用于确定屏幕空间反射淡出的平整度（0.8 效果较好，数值越小，运算越快）

4.5.2 其他特效补充

1. Fog（雾效）的两种类型（参考如图 4.5.13 所示）

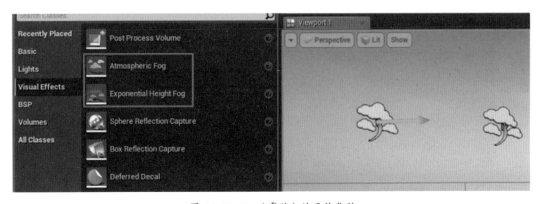

图 4.5.13 Fog（雾效）的两种类型

Atmospheric Fog（**大气层雾**）：合理利用参数，定向光源将会在天空中获得"日轮"的效果，如图 4.5.14 所示，天空的颜色也会根据太阳的高度变化，散射和衰减可以完全控制关卡中的大气层密度。大气层雾图标会显示一个箭头，表示太阳的位置，旋转箭头可以控制太阳位置。

大气层雾的属性参数

Sun Multiplier（阳光乘数）	定向光源的亮度，它会同时照亮天空和雾的颜色
Fog Multiplier（雾乘数）	仅影响雾的颜色，不影响定向光源
Density Multiplier（密度乘数）	仅影响雾的密度
Density Offset（密度偏移量）	控制雾的不透明度
Distance Scale（距离比例）	控制距离系数。默认值为 1，表示 UE4 的单位和厘米的比例是 1:1。这样创建的世界尺寸非常小。随着世界尺寸的增大，需要相应地增大此值。更大的值会让雾衰减的改变发生得更快
Altitude Scale（高度比例）	海拔高度的比例
Distance Offset（距离偏移）	距离偏移值
Ground Offset（地形偏移）	海平面的偏移值
Start Distance（开始距离）	这是距离相机多远处开始呈现雾的距离
Sun Disc Scale（日轮尺寸）	太阳的尺寸
PrecomputeParams（预计算参数）	此组中包含的属性需要对预计算的贴图数据的重新计算
Density Height（衰减高度）	雾密度的衰减高度，低数值会使得雾更为浓密，反之则会使雾变得稀薄，造成更少的散射
Max Scattering Order（最大射散值）	对散射计算的数量设限，从 1 倍散射到 4 倍散射
Inscatter Altitude Samp（内散热）	用于取样内散射颜色的许多不同高度

图 4.5.14 Atmospheric Fog（大气层雾）

Exponential Height Fog（**指数型高度雾**）：在场景中产生有高低层次的雾，低空间的密度大，高空间的密度小。随着高度的增加，雾会进行平滑的转变，指数型高度雾提供了两种雾颜色，一种用于面向主要定向光源的半球体，另一种颜色用于相反方向的半球体。利用起始距离参数，结合动画可以营造如图 4.5.15 所示的起雾效果。

指数型高度雾的参数

Fog Density（雾密度）	雾层的厚度
Fog Inscattering Color（雾内散射颜色）	雾的内散射颜色，这是雾的本身颜色
Fog Height Falloff（雾高度衰减）	密度的高度，随着高度降低密度增加，值越小，转变就越大
Fog Max Opacity（雾最大不透明度）	雾的最大不透明度。值为 1，则表示雾是完全不透明的；值为 0，则表示雾是不可见的
Start Distance（起始距离）	这是距离相机多远处开始呈现雾的距离
Directional Inscattering Exponent（定向内散射指数）	控制定向内散射锥体大小，用于描述定向光的内散射
DirectionalInscatteringStart Distance（定向内散射起始距离）	控制定向内散射查看者的起始距离
Directional Inscattering Color（定向内散射颜色）	设置定向内散射的颜色，定向光源的内散射，调整定向光源的模拟颜色

图 4.5.15 Exponential Height Fog（指数型高度雾）

2. Light Shaft（光束）

定向光源的这一选项模拟光线照射空气中的颗粒形成了体积光的效果，营造空间气氛，使场景显得更加逼真。若配合雾效使用，效果则更加明显，如图 4.5.16 所示。

Light Shaft（光束）栏的参数

名称	描述
Light Shaft Occlusion（启用光束遮挡）	同屏幕空间之间发生散射的雾和大气是否遮挡该光照

（续表）

Occlusion Mask Darkness （遮挡蒙版的黑度）	遮挡蒙版的黑度，数值为 1 则不会变黑
Occlusion Depth Range（遮挡深度范围）	和相机之间的距离小于这个值的任何物体都将会遮挡光束
Light Shaft Bloom（启用光束的光溢出）	是否渲染这个光源的光束的光溢出效果
Bloom Scale（光溢出）	缩放叠加的光溢出颜色
Bloom Threshold（光溢出阈值）	场景颜色必须大于这个值才能在光束中产生光溢出
Bloom Tint（光溢出色调）	给光束发出的光溢出效果着色
Light Shaft Override Direction （光束方向覆盖）	可以使得光束从另一个地方发出，而不是从该光源的实际方向发出

图 4.5.16　光束

　　UE4 的特殊效果实际上还有很多，本章中不再过多举例。比如粒子特效部分，结合蓝图功能制作的特效等，这些内容将在后面章节中讲解。

4.6　本章小结

　　通过本章的学习，大家对 UE4 光照系统有了明确的认识，同时也获得了相关的使用方法和技巧。接下来的任务便是实践操作，逐步消化本章所学内容，理清思路，从一个场景开始，创造属于我们自己风格的室内光照。

第 5 章

虚幻引擎 4 粒子系统

本章学习重点

※ 了解粒子系统工作界面，学习级联粒子系统编辑器和各功能键用法。

※ 了解使用粒子发射器及发射器各个模块的作用。

※ 通过实际操作火焰、烟雾、自来水粒子等特效案例制作，学习粒子系统特效制作的基本原理。

※ 了解矢量场在粒子系统中的运用。

5.1 粒子系统介绍

概念：粒子系统表示三维计算机图形学中模拟一些特定的模糊现象的技术，而这些现象用其他传统的渲染技术难以实现真实感的 Game Physics。粒子系统在模仿自然现象、物理现象及空间扭曲上具备得天独厚的优势。它除了能够模拟雨、雪、流水和灰尘等自然气候，还可以模拟任何虚拟的三维效果，比如烟云、火花、爆炸、暴风雪或者瀑布。为了增加物理现象的真实性，粒子系统通过空间扭曲控制粒子的行为，结合空间扭曲能对粒子流造成引力、阻挡、风力等仿真影响。在 UE4 中包含了一套极为强大的粒子系统，可以用它制作出极其复杂甚至令人瞠目结舌的视觉特效。

在许多三维建模及渲染包内部就可以创建和修改粒子系统，如 Unreal Engine 4（虚幻引擎 4）、3ds Max、Maya 以及 Blender 等。这些编辑程序使艺术家能够立即看到他们设定的特性或者规则下粒子系统的表现。另外还有一些插件能够提供增强粒子系统效果，例如 AfterBurn 以及用于流体的 RealFlow。而 2D 的粒子特效软件中 ParticleIllusion（粒子幻觉）更加出色，因为它的渲染比一般的 3D 软件较为平面化。除了 Combustion 这样的多用途软件和用于粒子系统的 Particle Studio 等都可以用来生成电影或者视频中的粒子系统。

5.1.1 Cascade（级联）粒子系统

级联概念：在级联的名词解释中，级联是用来设计一对多的关系。在 UE4 粒子系统中，级联粒子系统就像是一个树状的结构，利用发射器创建一系列模块化粒子特效并执行一系列操作的工具。而在级联中，每个模块都代表了粒子行为的一个特定方面，并对该行为的各个方面提供属性参数，比如：颜色、生成的位置、移动行为、缩放行为等。

粒子系统和每个粒子上使用的各种材质以及贴图是紧密相连的，粒子系统的功能是控制粒子的行为。

级联粒子编辑器

了解粒子特效的界面与其他发射器和模块配合使用，为粒子系统工作提供扎实的原理基础。

打开级联：在 Content Browser（内容浏览器）中的粒子系统资源的右键快捷菜单中，选择粒子系统资源并创建新的粒子系统，通过双击创建后的粒子系统可将级联粒子编辑器打开。

级联界面：双击粒子系统资源打开出现的界面就是级联界面，级联由 6 个主要部分组成，如图 5.1.1 所示。

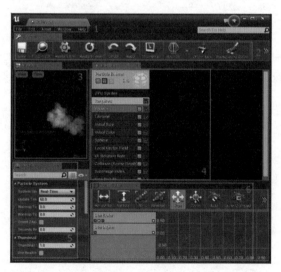

图 5.1.1 级联界面

级联图表编辑器显示的是在相对或绝对时间中被修改的所有属性。模块被添加至图表编辑器后，可通过功能按钮进行展示。从六个板块可以了解到以下信息和内容。

1	Menu Bar（菜单栏）	在 Content Browser 中保存资源并找到当前的粒子系统
2	Tool Bar （工具栏）	可视化和导航工具栏
3	Viewport Panel（视口面板）	显示当前粒子系统（包括系统内的所有发射器）
4	Emitters Panel（发射器面板）	该窗格包含当前粒子系统中所有发射器的列表，以及这些发射器中所有模块的列表
5	Details Panel （细节面板）	显示创建材质着色器指令的材质表现和函数节点
6	Curve Editor（曲线编辑器）	该图表编辑器显示在相对或绝对时间中被修改的所有属性。模块被添加至图表编辑器后，可通过功能按钮进行展示

1. 菜单栏

File　　Edit　　Asset　　Window　　Help

File 命令	描述
Save	保存当前粒子系统
Save All	保存所有资源
Choose Files to Save	打开含资源保存选项的对话框
Switch Project	在可用游戏项目之间切换
Exit	关闭编辑器

Edit 命令	描述
Undo	撤销已完成的上步操作
Redol	重新执行未完成的上步操作

Asset 命令	描述
Find in Content Browser	在 Content Browser 中选择当前的粒子系统

Window 命令	描述
Viewport	打开显示合成粒子系统的视口面板标签
Emitters	打开发射器列表标签，在此处可将多个发射器添加至粒子系统
Details	打开细节面板标签，在此处可对每个粒子模块的属性进行编辑

（续表）

Curve Editor	打开曲线编辑器，在此处可通过动画曲线对属性进行调整
ToolBar	打开工具栏，常用操作快捷按钮在此处以水平阵列排列

2. 工具栏功能按钮

图标	名称	描述
	Save	保存当前粒子系统资源
	Find in CB	在 Content Browser 中找到当前的粒子系统资源
	Restart Sim	此按钮用于重设视口窗口中的模拟，按下空格键可执行相同操作
	Restart Level	此按钮用于重设粒子系统，以及关卡中任何类型的系统
	Undo	撤销上步操作，按 Ctrl+Z 组合键可执行相同操作
	Redo	重新执行未完成的上步操作，按 Ctrl+Y 组合键可执行相同操作
	Thumbnail	将视口面板的摄像机画面存为 Content Browser 中粒子系统的缩略图
	Bounds	在视口面板中切换粒子系统当前边界的显示
	Bounds Options	单击该按钮可对 GPU Sprite 粒子系统的固定边界进行设置。固定边界对 GPU Sprite 粒子可到达的范围进行限定
	Origin Axis	在粒子视口窗口中显示或隐藏原点轴
	Regen LOD	复制最高 LOD，以重新生成最低 LOD
	Regen LOD	使用最高 LOD 数值预设百分比的数值重新生成最低 LOD
	Highest LOD	加载最高的 LOD
	Add LOD	在当前加载的 LOD 前添加一个新 LOD

	Add LOD	在当前加载的 LOD 后添加一个新 LOD
	Lower LOD	加载下一个较低的 LOD
	Lowest LOD	加载最低的 LOD
	Delete LOD	删除当前加载的 LOD
	LOD	此按钮用于选择需要预览的当前 LOD。可手动输入数值或拖动鼠标选取数字

3. Viewport（视口）面板

概念： Viewport（视口）面板窗格显示当前粒子系统的渲染预览，这和游戏中实际渲染的效果相同。它对级联中粒子系统的变更进行实时反馈。在视口窗格中执行全渲染预览，还可在进行不点亮、纹理密度、过渡绘制和线框视图不同的模式中进行渲染，并显示信息，如图 5.1.2 所示。

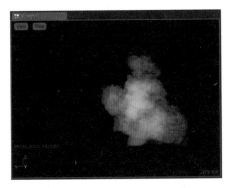

图 5.1.2 Viewport（视口）面板

视口窗格可以利用鼠标通过以下方式在 Viewport 窗格中导航。

按钮	操作
鼠标左键	拉近或拉远摄像机，可配合方向键水平视角旋转摄像机
鼠标中键	沿粒子系统左右平移，可配合方向键
鼠标右键	旋转摄像机可配合方向键
Alt + 鼠标左键	围绕粒子系统进行轨道运动
Alt + 鼠标右键	使摄像机对粒子系统进行推轨（推近和拉远）拍摄
F 键	聚焦于粒子系统
L+ 鼠标左键	旋转灯光。仅适用于使用照亮材质的粒子。在不照亮粒子（如火焰、火星）上并无效果

视口窗格菜单

Viewport（视口）窗格的左上角有两个菜单。可使用它们显示和隐藏面板的功能，并对视口进行设置，如图 5.1.3 所示。

图 5.1.3　Viewport（视口）窗格

● View 菜单：单击 View 即可弹出以下菜单如图 5.1.4 所示，View 用于显示

和隐藏 Viewport 窗格的诸多诊断和可视化功能。

图 5.1.4　View 菜单

● Time 菜单：单击 Time 将弹出以下菜单，如图 5.1.5 所示。

图 5.1.5　Time 菜单

此内容可对 Viewport 窗格的播放速度进行调整，如下表所示。

项目	描述
Play/Pause	勾选后将开始模拟播放。取消勾选后模拟暂停
Realtime	勾选后模拟将实时播放。取消勾选后，模拟仅在 Viewport 窗格中出现更新时才会播放
Loop	勾选后粒子系统将反复循环播放。取消勾选后，播放完成后将停止
AnimSpeed	此选项将打开一个子菜单，在 100%、50%、25%、10% 和 1% 之间调整播放速度百分比

4. Emitters（发射器）面板

概念：Emitters（发射器）面板显示的是当前级联粒子系统中所包含的全部粒子发射器。在此可对掌控粒子系统外观和行为的诸多粒子模块进行添加、选择和使用，如图 5.1.6 所示。

图 5.1.6　发射器面板

（1）粒子运算方式：在粒子系统中发射器将按列表顺序从左至右的水平排列并进行计算，且每列发射器都有自己的属性。单击一个发射器通过键盘左右方向键在列表中发射器可以互相调整位置。

（2）导航和功能键

以下为发射器列表中应用的功能键和命令。

按钮	操作
鼠标左键	选择一个发射器或模块
鼠标左键拖动（模块）	将模块从一个发射器移至另一个发射器
Shift + 鼠标左键拖动（模块）	在发射器之间将一个模块举为实例。模块名旁会出现一个 + 符号，其他模块颜色与该模块相同
Ctrl + 鼠标左键拖动（模块）	将一个模块从源发射器复制到目标发射器
鼠标右键	打开快捷菜单。在空白栏中单击鼠标右键可创建一个新发射器，在发射器上单击鼠标右键可对其执行多种操作，以及包含添加新模块
键盘左右方向键	在选中一个发射器的情况下，将发射器在列表中的位置向左或向右调整

（3）发射器

概念：在级联粒子编辑器中，当使用发射器列表时，理解其中发射器的基本构造对于制作粒子系统特效有着非常重要的作用，如图 5.1.7 所示。

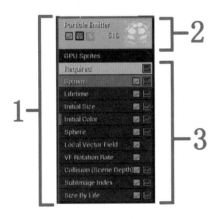

图 5.1.7 发射器

发射器栏：每栏均代表一个单独发射器。

发射器段：发射器顶部的这个部分包含发射器的主要属性和功能键，如发射器类型、发射器命名和其他主要属性。

模块列表：发射器段下方是所有模块的列表，这些模块定义该发射器的外观和行为。所有的发射器都包含一个 Required 和 Spawn 的模块和任意数量用于定义行为的模块。

5. Details（细节）面板

概念：Details（细节）面板内是 UE4 的标准细节窗口。该窗格内显示的属性取决于级联当前选中的内容。当一个粒子模块被选中，将显示该特定粒子模块的属性，如图 5.1.8 显示的是默认状态下的细节内容。

图 5.1.8 Details（细节）面板

6. Curve Editor（曲线编辑器）

概念： 曲线编辑器允许对那些随着时间不断变化的属性进行良性控制。

例如，使用分布的属性。它不是一个独立的编辑器，可以作为一个位于其他编辑器内部的可停靠面板使用，可以发现在虚幻编辑器中有很多其他编辑器。通过包含它的编辑器窗口的界面打开这个曲线编辑器，如通过 Matinee 或 Cascade 编辑器窗口打开，如图 5.1.9 所示。

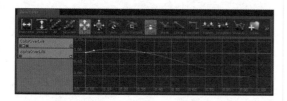

图 5.1.9 Curve Editor（曲线编辑器）

5.1.2 粒子关键概念

1. 粒子特效的模块化做法

级联主要就是对粒子系统进行模块化的设计。在一些其他软件的特效功能中，比如 Maya，创建一个粒子效果需要先定义大部分行为的属性，然后对这些属性进行修改来获得所需要的效果。

在级联中，则是另外一种做法，一个粒子系统创建后只有很少的最基础的属性以及一些行为模块。每个模块代表粒子行为的一个特定方面，

并只对行为的该方面提供属性参数，比如颜色、生成的位置、移动行为、缩放行为等。在需要的时候添加或者删除一个模块来进一步定义粒子的整体行为。由于这里的结果中只有必要的模块才会被添加进来，因此不会出现额外的计算，也不需要属性变量的参与。

对模块进行添加、删除、拷贝，甚至在一个粒子系统中从其他发射器实例化过来，一旦熟悉有哪些可用的模块和它们的功能后，制作一个复杂的粒子系统就会变得非常容易。

（1）默认模块

在粒子系统中创建一个新的面片发射器，发射器中有一些模块在粒子发射器中是默认存在的，通过这些默认模块来认识它们的一些作用，如图 5.1.10 所示。

图 5.1.10 默认模块

以下这几个为默认模块：

● Required：这里包含一些属性，都是对粒子系统绝对需要用到的属性，比如粒子使用的材质，发射器发射粒子的时间，以及其他。

● Spawn：这个模块控制粒子从发射器生成的速度，它们是否以 Burst 生成，以及其他和粒子发生时机有关的属性。

● Lifetime：这里定义每个粒子在生成后存在的时间，如果没有这个模块，粒子则会一直持续下去。

● Initial Size：这里控制粒子生成时的缩放比例的初始大小。

● Initial Velocity：这里控制粒子生成时
的初始速度。

● Color Over Life：这个模块用于控制
每个粒子的颜色在过程中如何改变。

（2）添加模块

通过在发射器的空白区域单击鼠标右键创
建模块，可将模块添加至发射器栏，如图 5.1.11
所示。

图 5.1.11 添加模块

提示：若要删除模块，选中要删减的模块
按 Delete 键即可。

（3）初始状态和生命周期

在使用粒子模块工作的时候要对这两个概
念有所了解，它们是初始状态和生命周期或者叫
每次生命属性。

● 初始状态模块：一般用于管理粒子被

生成那一刻的各方面属性。

● 生命周期 / 每次生命属性模块：在粒子
的生命过程中对它们的属性进行修改。

例如，初始颜色的模块能够为粒子生成那
一刻指定颜色属性，而生命周期颜色的属性则用
于在粒子生成后，直到被消亡前的这段过程中逐
渐修改颜色的行为。

（4）模块时间计算：如果将一个属性设置
为 Distribution（分布数据）的类型，那么它
就会在时间过程上发生变化，有些模块使用"相
对时间"而有些模块使用"绝对时间"。

● 绝对时间：基本上就是外部发射器的
计时。如果发射器的设置是每个循
环 2 秒，一个 3 次循环，那么在这个
发射器内的模块的绝对时间将是从 0
~2，会运行 3 遍。

● 相对时间：在 0 ~ 1 之间，表示每个
粒子在生命周期中的时间。

2. 粒子系统组件

在使用级联制作粒子效果的时候，需要始终
记住每个对象之间的互相作用关系。粒子系统的
组件包括模块、发射器、粒子系统，以及发射器
Actor。在这里使用以下描述来记住这些概念之
间的关系：

● 模块：定义粒子的行为，并且被放置
在一个发射器中。

● 发射器：展示效果发射特定行为的粒
子，任意一个发射器可以被同时放置
在一个粒子系统内。

● 粒子系统：作为内容浏览器中的一个
资源，可以被一个发射器 Actor 来引用。

● 发射器 Actor：是一个放置在关卡中
的 Actor，用于定义粒子在场景中如何
使用。

发射器类型

正如特效本身有各种不同的类型一样，发射器也分为不同的类型来制作各种特效，以下为目前可用的发射器类型。

- Sprite Emitters（球体发射器）：创建的发射器默认类型为 Sprite Emitters，它是用得最广泛的类型。使用始终朝向摄像机的多边形化的面片（2 个多边形组成）作为单个粒子发射。可以用来做烟雾、火焰特效。

- AnimTrail Data：用于创建动画的拖尾效果。

- Beam Data（光束类型数据）：用于创建光束效果，比如镭射光、闪电等类似的效果。Beam 类型数据模块使发射器产生光束连接粒子形成源点（如发射器）和目标点（如一个粒子或 Actor）之间的一个流，如图 5.1.12 所示。

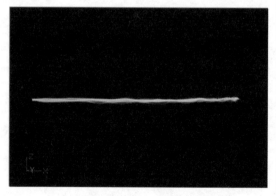

图 5.1.12 Beam Data（光束类型数据）

- GPU Sprites：这是特殊类型的粒子，在运行时大量计算交给 GPU 执行。取决于具体的目标系统上 GPU 的类型。此类型数据模块支持在 GPU 上模拟粒子。传统 CPU 系统允许在一帧内存在数千个粒子。利用 GPU 模拟可对成千上万个粒子进行高效模拟和渲染，如图 5.1.13 所示。

图 5.1.13 GPU Sprites 类型

- Mesh Data（网格物体）：此类型不再发射一系列的面片，这个类型的发射器将会发射多边形模型。用于创建岩石块、废墟等类似的效果。这对于碎片或是弹片的特效来说，是非常好用的，如图 5.1.14 所示。

图 5.1.14 Mesh Data（网格物体）

- Ribbon Data（条带类型）：这个会产生一串粒子附属到一个点上，能在一个移动的发射器后形成一个色带。粒子按其生成顺序连接，当粒子初始速度模式越不稳定，条带越无序，如图 5.1.15 所示。

图 5.1.15 Ribbon Data（条带类型）

创建发射器类型方式：通过在发射器面片空白位置单击鼠标右键，在弹出的菜单中单击 TypeData（发射器类型）即可，如图 5.1.16 所示。

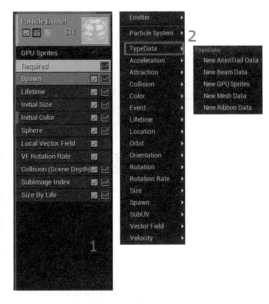

图 5.1.16 创建发射器类型方式

5.2 粒子系统

通过两种方式可以打开粒子系统，具体如下所示。

方法一： 在 Content Browser（内容浏览器）中单击 Add New（新建）按钮→选择 Particle System（粒子系统）即可创建。

方法二： 在 Content Browser（内容浏览器）的 Asset View 中单击鼠标右键→在弹出菜单中选择 Particle System（粒子系统），如图 5.2.1 所示。

图 5.2.1 创建粒子系统

新建粒子系统的名称将以黄色高亮显示，按 F2 键即可进行重命名，如图 5.2.2 所示。

图 5.2.2 重命名

创建完成后的粒子系统将显示在 Content Browser（内容浏览器）中，双击它将在级联编辑器中打开，如图 5.2.3 所示。

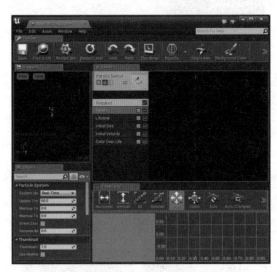

图 5.2.3 级联编辑器

1. 添加发射器

在发射器面板空白栏上创建一个新发射器，再根据需要变更发射器的命名、类型或者将多种行为模块添加至所创建的发射器上。通过以下两种方法进行添加。

方法一：把鼠标放在发射器面板中空白区域→单击鼠标右键，在弹出的会话框选中 Particle System（粒子系统）→ Add New Emitter After（添加新发射器）后即可，如图 5.2.4 所示。

图 5.2.4 添加发射器

方法二：最简单的方式是，在空白区域单击鼠标右键，选择 New Particle Sprite Emitter 来创建一个新的发射器，如图 5.2.5 所示。

图 5.2.5 添加发射器

2. 编辑发射器

当鼠标单击发射器的时候，被选中的发射器属性将显示在 Details（细节）面板中。同理，若单击选中的是发射器中的任意一个模块，那么 Details（细节）面板将显示的是所选中模块的属性。

示例：在选中的发射器空白位置单击，则发射器段将会以橘黄色高亮显示，同时此发射器细节面板将被显示出来，如图 5.2.6 所示。

图 5.2.6 编辑发射器

发射器属性不多，较为主要的属性为 Emitter Name（发射器名称）、Detail Mode（细节模式）、Emitter Render Mode（发射器渲染模式）。可以根据需要在此面板设置所需要的参数，如图 5.2.7 所示。

选中发射器顶部或选中发射器空白位置（确保不是选中发射器模块），将显示如下细节面板。

图 5.2.7 细节面板

- Emitter Name（发射器名称）：给所选中的发射器进行命名。

- Detail Mode（细节模式）：在此设置可以预览质量，分别为低、中、高。

- Emitter Render Mode（发射器渲染模式）：更改粒子的渲染显示模式。

- Emitter Editor Color（发射器编辑颜色）：可以任意改变发射面板边缘颜色，有利于分辨多个发射器，如图 5.2.8 所示。

图 5.2.8 Emitter Editor Color（发射器编辑颜色）

3. 关于 Solo 模式

在 Solo 模式中，当在一个发射器上启用该模式，那么其他所有发射器均会被禁用。利用 Solo 模式查看此发射器单独的效果，所有启用 Solo 模式的发射器将一同添加到预览中。利用此操作可预览待定的发射器组合效果，如图 5.2.9 所示。

图 5.2.9 Solo 模式

示例： 当在第一个发射器中选中 Solo 模式时，可以发现没有选中的发射器在视口面板和场景中已经被禁用，只显示选中 Solo 模式的发射器，如图 5.2.10 和图 5.2.11 所示。

图 5.2.10 未选择 solo 模式

选中 Solo 模式的发射器将会出现如图 5.2.11 所示的面板。

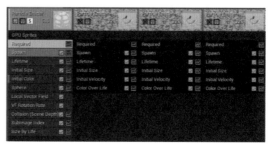

图 5.2.11 选中 Solo 模式

4. 关于 Distribution（分布数据）

概念： Distribution 用于调整粒子在生命周期中的数值。它是一组灵活的数据类型，包括固定值、一段范围内的随机值、沿曲线内插的值，以及参数所驱动的值。

（1）打开 Distribution 方式：选中具有 Distribution 的发射器中的任意一个模块，在此模块的细节面板中即可找到 Distribution 选项区，在此选项区中包括很多类型的 Distribution 值，根据需要选择不同类型的数据。

示例： 单击选中发射器中的 Sphere 模块，在此模块的细节面板中，选中 Start Radius，相应会展开 Distribution 等属性，如图 5.2.12 所示。

图 5.2.12 打开 Distribution 方式

（2）主要包括 5 种 distribution 类型，如下表所示。

Constant（常量）	表示一个静态不变的常量
Uniform（均匀）	提供一个 Min（最小值）和一个 Max（最大值），输出这两个值之间（包含这两个值）的随机数值
Constant Curve（常量曲线）	提供一个数值的简单曲线。在这个类型下，时间通常是指一个粒子从生成到消失的过程，或者说是粒子的起始时间和结束时间
Uniform Curve（均匀曲线）	提供最小曲线和最大曲线，最终数值在这两个曲线中间来选取
Parameter（参数）	这种类型的 Distribution 使得该属性参数化，以便于它能够被外部系统，诸如蓝图、Matinee 或者其他系统读取或改写

当创建粒子系统时，为了获得最大的灵活性，大多数粒子属性都使用 Distribution Float（浮点分布）和 Distribution Vector（向量分布）类型。使用分布类型时有很多种可用的选项，下文将对各种类型进行详细解释。

● **Distribution Float（浮点型分布）：** 当有需要美术人员控制的标量属性时，使用浮点型分布。可以使用它控制粒子的生命周期。

● Distribution Vector（浮点型向量分布）：这种类型用于为向量属性提供一个值，当选中这个类型时，将会提供以下对话框来编辑值，如图 5.2.13 所示。

图 5.2.13 浮点型向量分布

分布数据的烘焙：可以发现，无论使用哪种分布类型，总是能够在下方看到是否能被烘焙（Can be Baked）的选项。它决定分布数据的数值结果是否要被烘焙到一个查找表中。相对于运行时实时计算随机数值或者曲线插值而言，预先将数值烘焙到查找表中将会极大地提高效率。因此这个选项默认为勾选状态，如图 5.2.14 所示。

图 5.2.14 分布数据的烘焙

5. 曲线编辑器

曲线编辑器由工具栏、轨迹列表、图表 3 个部分组成，如图 5.2.15 所示。

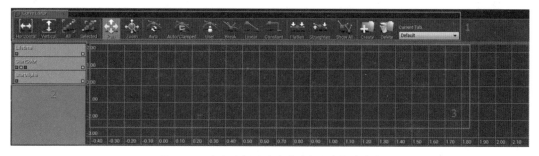

图 5.2.15 曲线编辑器（移动前部分表格内容）

1. 工具栏

工具栏

图标	名称	描述
	Horizontal	使这个图表在水平方向上适合于当前可见轨迹
	Vertical	使这个图表在垂直方向上适合于当前可见轨迹

	All	使这个图表在水平和垂直方向上都适合于当前可见轨迹的所有点
	Selected	使这个图表在水平和垂直方向上都适合于当前可见轨迹的选定点
	Pan	将曲线编辑器设置为 平移 / 编辑 模式
	Zoom	将曲线编辑器设置为 缩放 模式
	Auto	将所选关键帧的 InterpMode 设置为 自动曲线 模式。切线可旋转以获得最佳曲率但可能会过高
	Auto/Clamped	将所选关键帧的 InterpMode 设置为 自动曲线 模式。锁定平整三角形
	User	将所选关键帧的 InterpMode 设置为 用户曲线 模式。锁定用户修改过的三角形
	Break	将所选关键帧的 InterpMode 设置为 中断型曲线 模式。 分离输入和输出三角形
	Linear	将所选关键帧的 InterpMode 设置为 线性 模式
	Constant	将所选关键帧的 InterpMode 设置为 常量 模式
	Flatten	将所选关键帧的三角形设置为水平方向平整
	Straighten	在所选关键帧的三角形发生弯曲的时候将其拉直
	Show All	切换所有关键帧的切线的显示
	Create	创建一个新的选项卡
	Delete	删除当前的选项卡
	Current Tab	可以在创建多个选项卡时关闭当前选项卡

2. 轨迹列表

轨迹列表会显示当前加载到选项卡中的曲线轨迹，如图 5.2.16 所示。

图 5.2.16 轨迹列表

列表中的每个轨迹都会显示与这个轨迹相关的属性名称，在轨迹中每个单独曲线都有色块编码，红色为 X，绿色为 Y 以及蓝色为 Z，黄色显示为当前选中的轨迹。红色也用作单独的标量浮点值的颜色，如图 5.2.17 所示。

图 5.2.17 红色

在轨迹列表中用鼠标右键单击一个轨迹可以调出轨迹列表相关联菜单。单击鼠标右键可以对这两个命令进行操作，如图 5.2.18 所示。

图 5.2.18 对弹出命令操作

- Remove Curve：可以从曲线编辑器中删除当前轨迹。

- Remove All Curves：从所有选项卡中清除曲线编辑器中加载的所有轨迹。

3. 曲线

曲线不会自动出现在图表编辑器中，必须被发送至图表编辑器中才可进行编辑，如图 5.2.19 所示。

首先选中粒子模块中 Lifetime 的曲线绿色小图标 ，单击 可将曲线发送到曲线编辑器中。

图 5.2.19 发送图表编辑器

对于所需要进行调整的模块，发送到曲线编辑器中后可对它进行曲线调节，如图 5.2.20 所示。

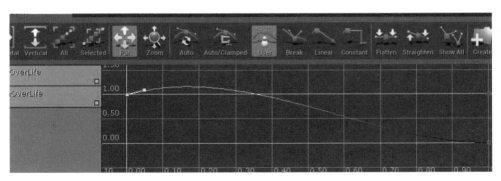

图 5.2.20 曲线调节

级联界面包括一个标准的虚幻编辑器 Curve Editor 窗口。可利用它在粒子或发射器生命周期中改变的数值。简而言之，它定义的是随时间变化的数值。如需在曲线编辑器中对任意属性（通常来自一个粒子模块中）进行编辑，可利用曲线分布（如 DistributionFLoatConstantCurve）的 Distribution 类型进行属性编辑。

提示：单击显示于模块左侧的绿框可为曲线编辑器添加一个模块。图表编辑器中显示的模块颜色在创建模块时随机选择。

4. 图表

图表占据大部分曲线编辑器界面。它是曲线的图表表现形式，横轴是时间（输入值），纵轴是属性值（输出值）。将曲线上的帧显示为点，选择这些点进行控制，可视化地编辑曲线，如图 5.2.21 所示。

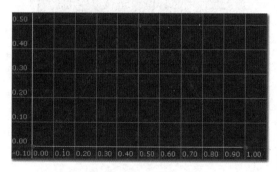

图 5.2.21 图标

（1）用鼠标右键单击图表则调出图表关联菜单，如图 5.2.22 所示。

图 5.2.22

● Scale All Times：缩放所有可视轨迹上所有点的时间值，如水平方向缩放。

● Scale All Values：缩放所有可视轨迹上所有点的值，如垂直方向缩放。

（2）用鼠标右键单击曲线上的点会调出点关联菜单，将跳出如下对话框，如图 5.2.23 所示。

图 5.2.23

● Set Time：允许手动设置点的 Time（时间）。

● Set Value：允许手动设置点的值。

● Delete Key：可以删除所选的点。

（3）在图表上创建点。

在添加多个点之前，需要确保正在修改的 Distribution 为"曲线"类型。在所需数值的样条上按 Ctrl+ 左键单击，即可在图表编辑器中创建点，该点可被随意拖动。在关键点上单击鼠标右键将弹出菜单，用以手动输入该关键点的时间和数值。如其为颜色曲线中的关键点，需要使用选色器为其设置颜色。

示例：模块为 Color Over Life 所渲染的样条将体现在渲染时的颜色，点也将拥有颜色，来反映该样条的特点通道，如图 5.2.24 所示。

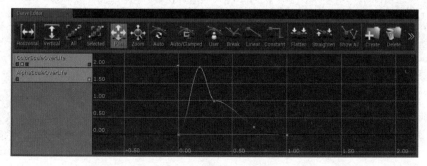

图 5.2.24 图表上创建点

6.粒子的运算

在级联编辑器中，列表区域的每列都代表一个发射器，一列中的每个块代表一个模块。运算时的次序如下所示。

（1）当出现多个发射器时，发射器的运算是根据发射器的列表从左往右进行运算的，如图 5.2.25 所示。

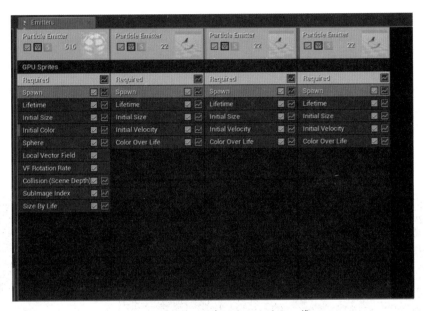

图 5.2.25　发射器列表从左往右进行运算

（2）模块的计算按照堆栈列表从上到下。例如一个发射器中的各个模块，其计算方式从上到下进行计算，如图 5.2.26 所示。

图 5.2.26　模块运算从上至下

5.3 常规粒子制作

在室内 VR 粒子系统制作中，通常涉及火焰、烟雾、自来水等特效制作。学习制作火焰是了解粒子特效最基本并且最快的方式。对粒子特效制作中，无非就是制作出特效的材质球并利用发射器模块对粒子生命周期存活的时间、大小、颜色、速度等进行调整和编辑。

5.3.1 火焰粒子特效

从生活中可以发现火焰在生成过程中往往会伴随着烟雾和火星点，在这里需从火焰特效到烟雾，最后到火星点的发射器来进行 3 个发射器的制作和编辑。

1. 火焰贴图

在进行粒子特效制作前，首先要对火焰贴图进行处理。通过使用序列帧或者是单独的贴图面片进行制作，如图 5.3.1 所示。

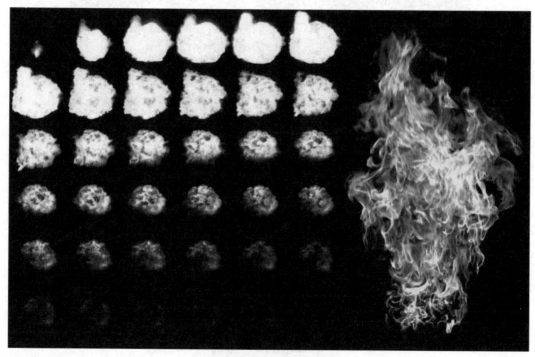

图 5.3.1 两种不同火焰贴图

这里使用单独面片进行案例解析。图片通常使用 Tga 格式，选择一张火焰贴图时，尽量选择黑白的贴图，这是为了避免彩色的贴图在 UE4 中出现偏色的情况。

若使用的是彩色的贴图，可以在 Photoshop 中把贴图使用饱和度全部降低进行去色，也可以在 UE4 材质调节中用贴图连接颜色表达式 Desaturation（去饱和度），如图 5.3.2 所示。

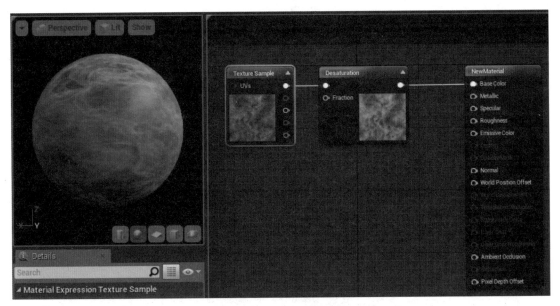

图 5.3.2 Desaturation 表达式

2. 火焰材质

（1）首先在 Content Browser（内容浏览器）→ Content（内容）下用鼠标右键选中 New Folder（新建文件夹）可以创建 Material（材质）、Texture（贴图）、Particle（粒子）3 个文件夹，方便进行操作，如图 5.3.3 所示。

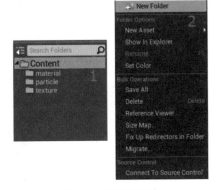

图 5.3.3 创建文件夹

（2）在 Material 文件夹中创建一个新的材质球，以下为火焰材质球制作，具体操作步骤如下。

步骤 1 在细节面板中选中 Blend Mode（混合模式）的 Additive（加性）模式、Shading Model（着色模式）的 Unlit（无光）→火焰贴图主要使用 Emissive Color（自发光颜色）和 Opacity（不透明）两个输入，如图 5.3.4 所示。

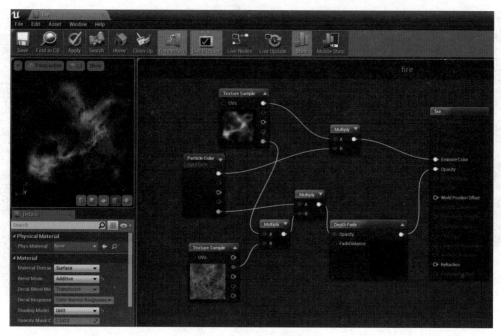

图 5.3.4 创建材质节点

步骤 ② 添加节点 Particle Color（粒子颜色）和 Depth Fade（深度消退）节点。在材质球中使用 Particle Color 就可以在粒子系统中控制材质的颜色，在粒子发射器中 Color Over Life 模块可对粒子颜色进行调节。Depth Fade 节点能够让粒子系统和接触到的对象之间衔接得更加自然。

3. 火焰发射器

首先创建一个粒子系统为 fire 并打开粒子系统。具体步骤如下。

步骤 ① 在内容浏览器下的面板中用鼠标右键单击创建新粒子系统，如图 5.3.5 所示。把创建好的粒子系统拖曳到场景中即可使用。

图 5.3.5 创建粒子系统

步骤 ② 双击打开粒子系统，在此级联粒子系统编辑器中可以进行编辑，如图 5.3.6 所示。

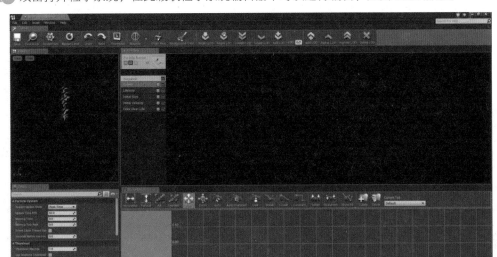

图 5.3.6 级联粒子系统编辑器

通过选中发射器中的各个模块，可对选中的发射器模块细节面板进行参数调节，最终制作出所需要的火焰特效。

● Emitter 模块

概念：此模块包含的是一些基本属性，都是粒子系统绝对需要用到的属性，比如粒子使用的材质、发射器发射粒子的时间等。

通过在发射器面板中单击此模块，在粒子编辑器中的细节面板中可以看到如下内容，添加制作好的火焰材质球，其他相关参数视具体情况调整，如图 5.3.7 所示。

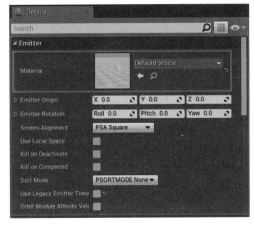

图 5.3.7 Emitter 模块

● Spawn 模块

概念：Spawn 模块将影响发射器粒子的数量。单击此模块，即可打开此细节面板，如图 5.3.8 所示。

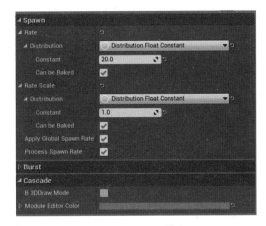

图 5.3.8 Spawn 模块

提示：通过使用 Distribution 分布数据的不同数据类型可以达到不同的效果。在 Spawn 中，使用的是 Distribution（分布数据）中的 Distribution Float Constant 常量数值，常量数值只有一个数值，用这个数值可控制火焰的数量。Constant 默认数值为 20。

● Lifetime（生命周期）模块

概念：此模块用于粒子生成时设置其初始生命周期。定义每个粒子在生成后存在的时间，如果没有这个模块，粒子则会一直持续下去，如图 5.3.9 所示。

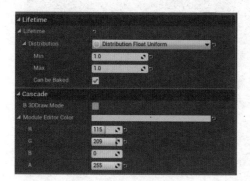

图 5.3.9 Lifetime 模块

在展开的 Distribution 中，默认的数值为浮点向量。因为火焰是摇摆不定的粒子，使用默认浮点向量。火焰的存活时间不需要那么长，这里可以根据需要进行设置，参考设置为 Min（最小值）数值为 0.5，Max（最大值）数值为 0.85。两个值所表示的是火焰从出生到死亡在 0.5 秒 ~0.85 秒之间进行取值，如图 5.3.10 所示。

图 5.3.10 Distribution 取值范围

● Start Size（初始大小）模块

概念：对粒子生成时的缩放比例进行控制，使用它可以控制火焰大小。使用细节面板中 Distribution 的分布数据 Distribution Vector Uniform。Locked Axes（锁定坐标轴）标志，打开这个按钮将显示锁定 X、Y、Z 轴方向内容，一般使用默认的 None（不把坐标轴锁定为另一个坐标轴上的值），如图 5.3.11 所示。

在火焰中，主要调整 X 轴的参数数值，如图 5.3.12 所示。这是由于在 Emitter 模块中，

细节面板中的 Screen Alignment 使用的是默认的 PAS Square（与屏幕对齐方式），如图 5.3.7 所示。

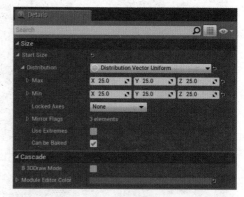

图 5.3.11 Locked Axes（锁定坐标轴）标志

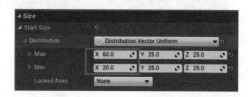

图 5.3.12 Start Size 模块参数数值

● Start Velocity（初始速度）模块

此模块对粒子生成时的移动进行控制，它也是粒子的初始速度模块。X 轴数值为 10 表示的是粒子生成时为 10 个单位速度。X、Y、Z 表示为粒子向左、右、上 3 个方向生成的速度。在火焰中调整 Z 轴数值，即可改变火焰在上升时候的速度，如图 5.3.13 所示。

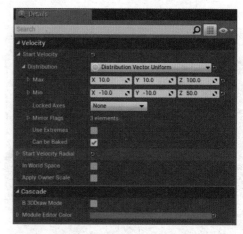

图 5.3.13 Start Velocity 模块

火焰往上升的速度 Max 数值为 80，Min 数值为 20 。这两个数值所表达的是粒子以 20~80 的速度上升并且在 Lifetime（生命周期）为 0.5 秒 ~0.85 秒的时间后（根据所设置的 Lifetime 参数为准）消失，如图 5.3.10 所示。从这里可以知道模块之间任何一个数值的变化都是相互有影响的。在制作粒子系统时，可以通过在视口窗格进行预览粒子制作过程，如图 5.3.14 所示。

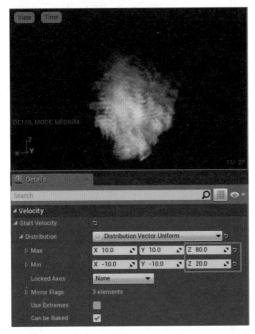

图 5.3.14 Start Velocity 模块 Z 轴数值

在 Distribution 中可以根据需要调整最大值和最小值，来进行控制粒子往上升的速度。

● Color Over Life（在生命颜色）模块

概念：此模块用于控制每个粒子的颜色在生成过程中进行任意改变。在对材质球的制作中，连接 Particle Color（粒子颜色）节点在粒子系统中就可以利用发射器中的模块对粒子颜色进行调节。Color Over Life 模块在粒子系统中就扮演了改变粒子颜色的角色。单击发射器中的 Color Over Life 模块将打开它的细节面板的默认板块，如图 5.3.15 所示。

图 5.3.15 Color Over Life 模块

在 Color Over Life 模块中 Distribution（分布数据）默认数据为 Distribution Vector Constant Curve（常量曲线）。然而火焰制作中只需要一个常量数值即可控制火焰颜色。这里使用 Distribution Vector Constant 来调节粒子颜色。具体步骤如下所示。

步骤① 选 择 Distribution → Distribution Vector Constant 即可，如图 5.3.16 所示。

图 5.3.16 使用常量曲线

步骤② 在 Constant（常量）数值下通过打开颜色面板或直接在 RGB 中输入数值调节出适合的火焰颜色即可，如图 5.3.17 所示。

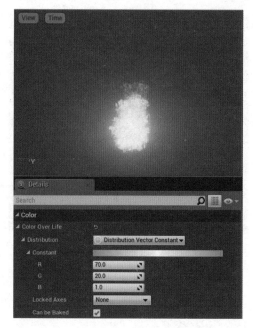

图 5.3.17 调节 Constant 改变火焰颜色

● Rotation（旋转）模块

新建发射器中默认模块往往是不够用的，需要添加一个 Rotation（旋转）使粒子生成时可以朝着摄像机方向进行随机旋转。具体步骤如下。

步骤 1 单击鼠标右键调出 Rotation（旋转）→ Initial Rotation（初始旋转），如图 5.3.18 所示。

图 5.3.18 添加 Rotation

步骤 2 在 Start Rotation（初始旋转）模块的细节面板中可以看到此默认方式为 Distribution Float Uniform（浮点向量），如图 5.3.19 所示。

图 5.3.19 Rotation 模块细节面板

Min（最小值）和 Max（最大值）默认数值为 0 和 1，Min（最小值）数值 0 表示为旋转 0°，Max（最大值）数值 1 表示为旋转 360°。当 Min 参数设置为 –1 则表示 –360°，如图 5.3.20 所示表示从 –360° 到 360° 之间粒子可以在 720° 之间进行随机取值旋转。

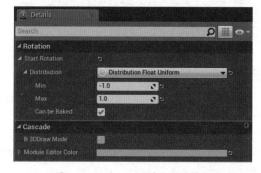

图 5.3.20 Rotation 模块取值范围

● Light（灯光）模块

由于火焰是一个光源，有光源的地方会把周边环境照亮，周边环境光线的明暗范围取决于火焰的大小程度。细节面板中的参数大小取决于所需光源范围大小。

选中 Light（光源）模块，在此细节面板中只需要设置 Brightness Over Life、Redius Scale、Light Exponent 3 个参数即可。由于火焰是个摇摆不定的粒子，它的光源也是个摇摆不定的值。所以 Brightness Over Life 和

Redius Scale 中的 Distribution（分布数据）统一使用 Distribution Float Uniform 浮点向量，如图 5.3.21 所示。

Brightness Over Life：为光照曝光，设 Min 数值为 2，Max 数值为 5。根据火焰大小进行适量取值。

Redius Scale：为光照范围，此范围大小与创建的粒子特效大小有关，大小应与实际相符合。

Light Exponent：为曝光强度，系统默认数值为 6，这里不需要曝光，Constant 给 1 即可。所有数值并非是固定的，根据火焰大小调整最佳参数。

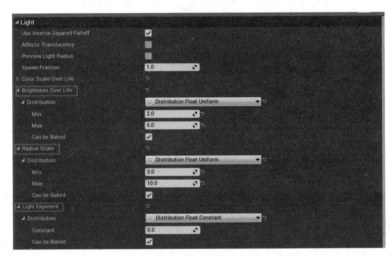

图 5.3.21　Light（灯光）模块

未加 Light 模块和加 Light 模块对比如图 5.3.22 所示。

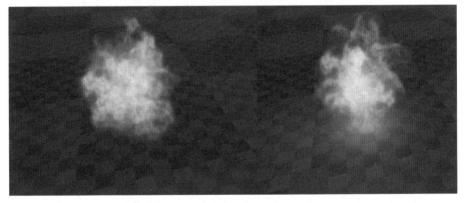

图 5.3.22　左图未加 Light 模块而右图已加 Light 模块

5.3.2　烟雾粒子特效

完成火焰粒子特效的制作后，需要对火焰上升到消失过程产生的烟雾进行制作。由于火焰和烟雾在同一体系，所以无须重新创建粒子系统，只需复制火焰发射器，将不需要的模块直接删除即可。

步骤 1　复制火焰发射器：单击鼠标右键选择 Emitter → Duplicate Emitter 即可复制 fire 发射器，如图 5.3.23 所示。

图 5.3.23　复制发射器

提示：复制好的发射器将显示在 fire 发射器右边。单击此发射器空白位置，可在细节面板中的 Emitter Name 给它命名为 smoke（烟雾）。

步骤 2　创建一个命名为 smoke 的烟雾材质球，如图 5.3.24 所示。

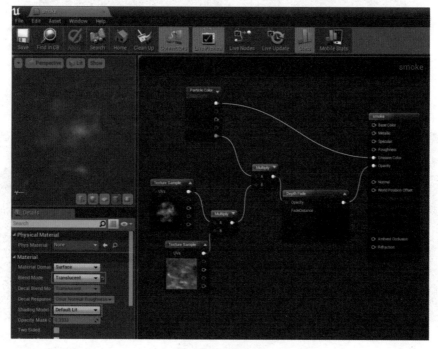

图 5.3.24　材质制作

提示：在此材质中，不使用 Additive（叠加）和 Unlight（无光照）是因为烟雾以暗色为主，并且烟雾可以被光线照亮，所以使用默认模式即可。

步骤 3　在 Required 显示细节面板中修改相应参数。由于烟雾是在火焰的上部，所以把 Emitter Origin 的 Z 轴参数改为 50，表示烟雾在原始位置往上移动 50 个单位距离。Emitter

Origin 为粒子所在的位移，一般状态下不会改变，如图 5.3.25 所示。

图 5.3.25　Emitter Origin

步骤 4 由于烟雾不需要 Light 灯光模块，单击此模块按 Delete 键即可删除，如图 5.3.26 所示。

图 5.3.26　删除灯光模块

步骤 5 添加烟雾发射器会和火焰发射器重合在一起，所以不方便观察烟雾发射器。在此可以选中烟雾发射器中的 Solo 模式，即可禁用其他发射器。在不使用此模式时，再次单击此按钮即可，如图 5.3.27 所示。

图 5.3.27　Solo 模式

发射器在使用 Solo 模式后，关闭此功能有时会发现之前被禁用的粒子特效无法显示出来，这时候单击菜单栏中的 Restart Level 按钮即可，如图 5.3.28 所示。

图 5.3.28

烟雾发射器模块设置

烟雾发射器中其他模块参数的 Distribution（分布数据）类型不变和火焰调节一致，只需要对数值大小进行适当调节即可。

这里主要讲解 Color Over Life 模块。由于烟雾在生成时被火焰照亮，所以靠近火焰的部分会带有金色，在死亡之前变成黑色，需要对 Color Over Life 模块重新调节。具体步骤如下。

步骤 1 单击 Color Over Life 模块，在此细节面板中把 Distribution 中的数值改为 Distribution Vector Constant Curve（分布向量常量曲线）。选中 Points 的加号符号即可添加 0 和 1 两个节点，如图 5.3.29 所示。

图 5.3.29　Color Over Life 模块

步骤 2 Point 下子目录 0 节点下 InVal 中的数值 0 表示出生，Out Val 下的颜色数值为出生时候的颜色。1 节点下 InVal 的数值 0 表示为死亡，Out Val 下的颜色数值为死亡之前的颜色。在烟雾出生时候的颜色可以给它一定数值的橘黄色，使烟雾在死亡之前颜色变为黑色，烟雾颜色过渡更加自然，具体视情况而定，如图 5.3.30 所示。

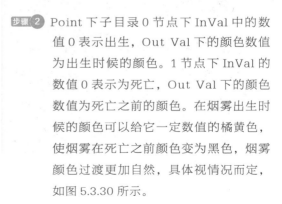

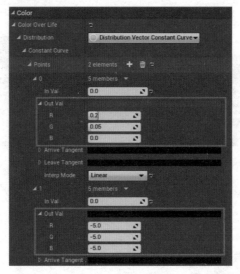

图 5.3.30 参数调节

5.3.3 火星粒子特效

火焰生成时总是伴随着火星，为了让火焰效果更好，在此粒子编辑器中加上火星粒子发射器。在此粒子编辑器面板空白位置单击鼠标右键创建一个新的发射器，选中发射器命名为 spark。

步骤 1 创建火星材质球，对火星材质球进行制作，如图 5.3.31 所示。

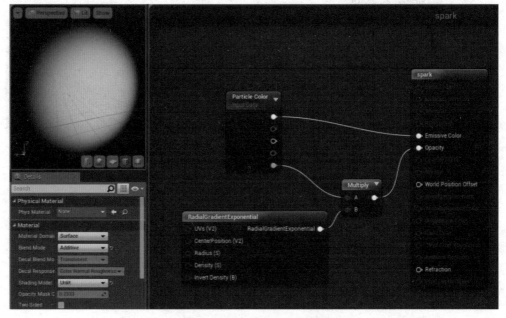

图 5.3.31 火星材质球节点制作

步骤 2 在火星的发射器上，其他类型的模块参数和火焰发射器大同小异。在此发射器上需多添加 Sphere 和 Orbit 模块，单击鼠标右键，在弹出菜单中单击 Location →选中 Sphere，如图 5.3.32 所示。

图 5.3.32　添加模块

在 Required 模块中使用 spark 材质，最重要的一点是要把 Screen Alignment 默认模式改为 PSA Velocity（速度对齐），如图 5.3.33 所示。

图 5.3.33　PSA Velocity（速度对齐）

步骤 3 在这里火星把模块 Spawn（速率）Constant 数值改为 60 即可，可以根据需要给予不同的数值，如图 5.3.34 所示。

图 5.3.34　Spawn（速率）模块

Lifetime 模块等其他模块的数值根据实际情况给予合适的数值，如图 5.3.35 所示。

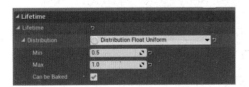

图 5.3.35　Lifetime 模块

火星的 Color Over Life 模块颜色根据火焰颜色制作大致相同即可，如图 5.3.36 所示。

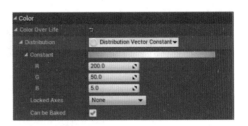

图 5.3.36　Color Over Life 参数

步骤 4 添加 Sphere（球形）模块可以让火星以圆形态上升，如图 5.3.37 所示。

图 5.3.37　Sphere（球形）模块细节面板

步骤 5 添加 Orbit（轨道）模块，可以使火星方向不往一个方向运动，如图 5.3.38 所示。使用 Rotation Rate（自转速率）的 Z 轴调节参数，可以让火星在上升过程中旋转。添加 Orbit 模块，它能够定义屏幕空间的行为轨迹，为效果添加额外的运动特性。

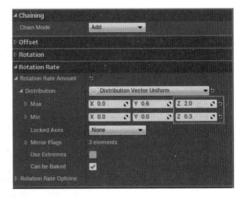

图 5.3.38　Orbit 模块参数设置

最终火焰、烟雾粒子特效制作完成，如图 5.3.39 所示。

图 5.3.39 火焰特效

5.3.4 水流特效

为了让场景模拟得更加真实，制作水流特效可以应用到室内场景中的水龙头或者是浴室中的花洒等，还可以应用到下雨天的自然气候，或者是音乐喷泉的景观设计中。

1. 材质制作

在水流的材质制作中，需要一张水滴的贴图，连接到相应表达式节点来制作一个简单的水滴材质球，如图 5.3.40 所示。

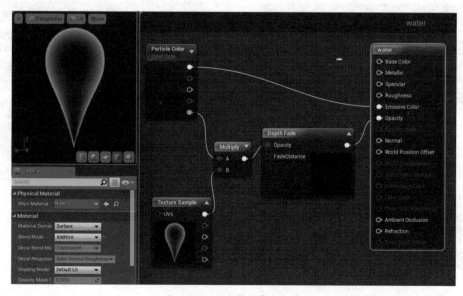

图 5.3.40 水滴材质节点制作

2. 自来水粒子特效

首先，需要创建一个自来水的粒子系统→双击此粒子系统，打开级联粒子编辑器界面→在发射器空白位置单击鼠标右键，在弹出的菜单栏中选中 TypeDate → New GPU Sprites 即可选择发射器类型。在这里使用 GPU Sprites 类型的发射器，如图 5.3.41 所示。

图 5.3.41 发射器类型

● Emitter 模块

使用创建好的水滴材质球，在这里 Screen Alignment 模式改为 PSA Velocity（速度对齐），如图 5.3.42 所示。

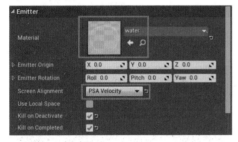

图 5.3.42 Emitter 模块

● Spawn 模块

概念：Spawn 模块影响的是发射器粒子的数量，参考水流速率为 8000 值，如图 5.3.43 所示。

图 5.3.43 Spawn 模块

● Lifetime 模块

自来水的生命周期，在此使用的是 Distribution Float Uniform 浮点型向量来设置水流粒子的生存周期，如图 5.3.44 所示。

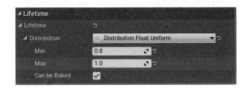

图 5.3.44 Lifetime 模块

● Start Size 模块

概念：此模块控制的是水流大小，使用 Distribution Vector Constant 通过 Constant（常量）中的 X、Y、Z 轴去控制水流喷射方向的大小，如图 5.3.45 所示。

图 5.3.45 Start Size 模块

● Start Velocity 模块

通过使用此模块来控制水流初始速度设置，以下为水流不同方向的初始速度大小，如图 5.3.46 所示。可以发现此设置和火焰的数值设置不一样。因为在 Emitter 模块中的细节面板里 Screen Alignment 模式改为 PSA Velocity（速度对齐）。

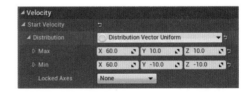

图 5.3.46 Start Velocity 模块

● Location 模块

概念：Location 模块用于在圆柱体中设置粒子的初始位置。在发射器中单击鼠标右键，在弹出菜单选中 Location。使用此模块来控制水流初始位置生成的范围，数值越大，水流初始位置形成圆柱体范围越大。在这里需要制作的是水流从水龙头喷射出来的形态，所以水流初始位置尽可能小，如图 5.3.47 所示。

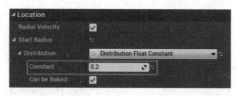

图 5.3.47　Location 模块

● Collision 模块

概念： Collision（碰撞）模块处理粒子与其他 Actor 之间的碰撞。在生活中人们会发现水流喷射在物体上会有反弹的水珠，给此发射器添加一个碰撞的模块就可以实现这个效果。对水流的 Friction、Radius Scale（半径角度）等参数进行适当设置。通过在场景中观察，调整最合适的参数，如图 5.3.48 所示。

图 5.3.48　Collision 模块

提示： Collision（碰撞）模块需要在 GPU Sprites 类型的发射器下才可以使用。

在这里要注意 Response（反应）设置中有 Bounce（反弹）、Stop（停止）、Kill（使终止）3 个设置。使用 Bounce（反弹）可以让粒子在接触其他行为物体上进行反弹；使用 Stop（停止）粒子不会反弹，而是在物体上产生碰撞但无法穿透过物体；Kill（使终止）设置粒子会在到达物体表面结束。这里主要使用的是 Bounce（反弹），如图 5.3.49 所示。

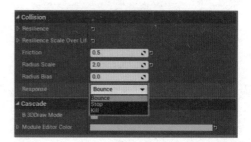

图 5.3.49　使用 Bounce（反弹）

通过下图可以对比加碰撞和未加碰撞的效果演示，如图 5.3.50 所示。

图 5.3.50　两种不同效果

水流喷射出来的粒子特效基本完成，可以发现水流喷射出来的形状很均匀地散开。为了让水流出来的效果自然，可以增加一个或多个发射器，制作出水流从最密集到逐渐稀疏的喷射形态，如图 5.3.51 所示。

图 5.3.51　单个发射器效果

添加第二个水流发射器。把第二个水流发射器模块中的粒子生成初始速度参数改变一下，使第二个发射器喷射范围变得更小，从而和第一个发射器融合得更加自然，如图 5.3.52 所示。

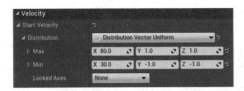

图 5.3.52 第二个发射器参数设置

下面分别为加一个发射器和两个发射器呈现的不同效果。通过视口窗格去进行观察，可以发现两个发射器工作的粒子特效更加自然，如图5.3.53 所示。

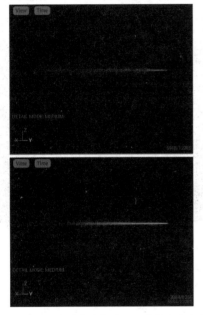

图 5.3.53 上图为单个发射器，下图为两个发射器

至此，水流的喷射粒子特效制作完成，把它放入到室内场景中使用，如图 5.3.54 所示。

图 5.3.54 自来水效果

5.4 矢量场

5.4.1 矢量场介绍

矢量场是对粒子运动产生影响的统一矢量网格。它被作为 Actors 放置在世界中（全局矢量场），并像其他 Actor 一样被平移、旋转和缩放。矢量场也可放置在 Cascade 内（本地矢量场）并对粒子的影响就被限制在其相关的发射器中。当粒子进入矢量场的边界时，粒子的运动会受矢量场影响。当粒子离开该边界时，矢量场对粒子的影响消失。

在默认情况下，矢量场会对其中的粒子施加一个力。矢量场同时还有一个叫"紧密性"的参数。这个参数控制粒子跟随场中矢量的紧密程度。当该值被设置为 1，粒子会直接读取矢量场速度并完全跟随矢量场来运动。

静态矢量场指恒定不变的矢量网格所在的场。这些场可以从 Maya 中导出并以立体贴图的形式导入。静态场占用资源很少，可以用来对粒子添加有趣的运动，特别是对场自身的运动添加动画效果。

矢量场还可以从 2D 图像中重建。通过导入一个犹如法线贴图的图像并将其围绕该空间挤压或旋转来重建立体贴图。还可以添加静态矢量场并添加一些噪点和随机性。另外，2D 图像可以通过在 Atlas 贴图中存储单独帧来添加动画。这样做可以在离线的状态下执行流体模拟，并以很少的系统性能来实现对粒子运动的实时重建。

5.4.2 矢量场类型

1. 全局矢量场

概念：全局矢量场，可以作为 Actor 被放置到关卡中。它们无法从内容浏览器中被拖曳出来。为了能在关卡中设置矢量场，需要添加一个矢量场空间 Actor 并找到合适的矢量场资源来与其关联。

2. 本地矢量场

概念：本地矢量场与全局矢量场相反，它完全存在于粒子系统内而不是放置在世界中的矢量场，本地矢量场仅能影响它们所分配到的粒子发射器。全局矢量场可以影响任何拥有全局矢量场模块的粒子系统，而本地矢量场却需要通过本地矢量场模块来添加，如图 5.4.1 所示。

3. 矢量场空间 Actors

概念：矢量场空间不是传统意义上的空间。需要制作后放入矢量场空间，将其拖曳到关卡中进行使用。对于添加完成后的矢量场，可以对其

进行放置、旋转、缩放等操作，如图 5.4.2 所示。

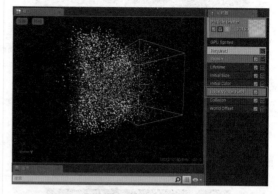

图 5.4.1 本地矢量场

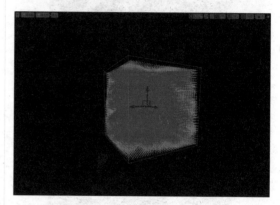

图 5.4.2 矢量场空间 Actors

在 GPU Sprites 的发射器类型下，在发射器面板中单击鼠标右键→在弹出菜单选中 Vector Field→弹出菜单中可看到不同类型的全局矢量场，如图 5.4.3 所示。

图 5.4.3 矢量场空间 Actors

在场景中使用 GPU 平面粒子系统下使用

Global Vector Fields 类型的全局矢量场，如图 5.4.4 所示。

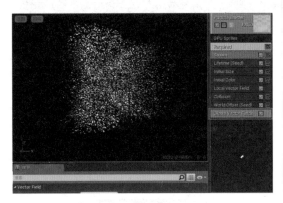

图 5.4.4 Global Vector Fields

5.4.3 Maya 制作矢量场

1. 前期准备

矢量场有时使用外部软件进行制作，在本次案例中使用 Maya 作为教材演示。具体步骤如下所示。

步骤① 使用 UE4 提供的插件进行制作，在 UE4

安装目录的文件位置中找到此插件，如图 5.4.5 所示。

图 5.4.5

步骤② 打开 Maya 可以看到其默认的工作界面。在其工作界面中单击用于修改工具架的项目菜单→单击"加载工具架"命令，如图 5.4.6 所示。

图 5.4.6 加载工具架

步骤③ 在弹出菜单栏中，单击放置好的插件，如图 5.4.7 所示。

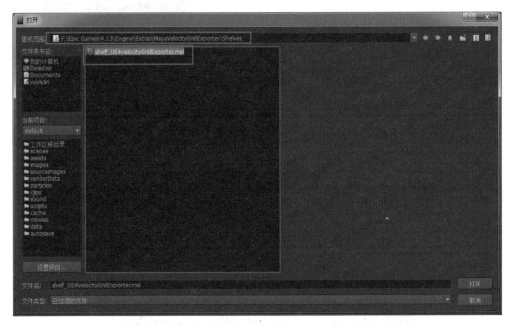

图 5.4.7 找到插件

步骤④ 单击打开后即可看到在工具栏显示所使用的插件，如图 5.4.8 所示。

图 5.4.8 显示插件

步骤 5 打开工具栏，可以看到矢量场导出的工具窗口，如图 5.4.9 所示。

图 5.4.9 显示插件

矢量场导出工具窗口

名称	描述
Export mode	导出模式
Single Frame	单帧
Sequence	序列
Cached Fluid	流体缓存
Start Frame	开始帧
Path	路径
Filename Prefix	文件名前缀
Export	导出

2. 制作矢量场

加载工具之后，开始制作矢量场。具体步骤如下。

步骤 1 在 Maya 中设置创建类型为动力学，如图 5.4.9 所示。

图 5.4.10 动力学

步骤 2 单击菜单栏中的流体效果，单击"创建 3D 容器"命令，如图 5.4.11 所示。

图 5.4.11 创建 3D 容器

此时在视口中出现已创建好的容器，如图 5.4.12 所示。

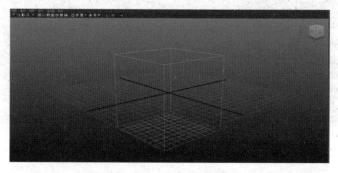

图 5.4.12 创建 3D 容器

步骤③ 选择菜单栏中的流体效果，选择"添加 / 编辑内容"命令，添加一个发射器，如图 5.4.13 所示。

图 5.4.13　添加发射器

使用该粒子效果预览动力场，如图 5.4.14 所示。

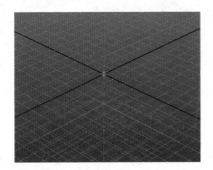

图 5.4.14　预览动力场

步骤④ 设置发射器，更改热量 / 体素 / 秒的数值，如图 5.4.15 所示。

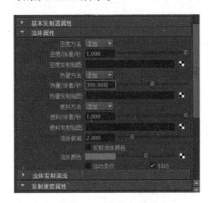

图 5.4.15　设置发射器

通过视口上方显示设置可进行转换显示方式，如图 5.4.16 所示。

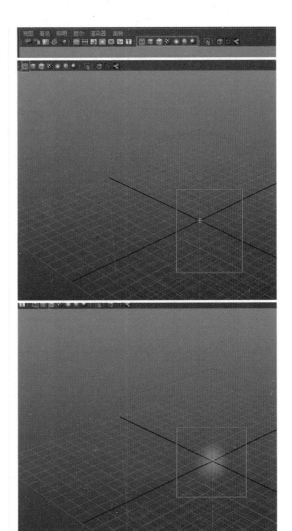

图 5.4.16　转换显示方式

步骤⑤ 选择动力场后，根据需要设置参数。

● 设置容器特性

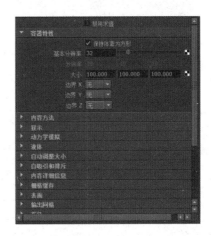

● 设置内容方法

● 设置显示

步骤 6 使用右下角的播放键查看矢量场中的粒子走向。

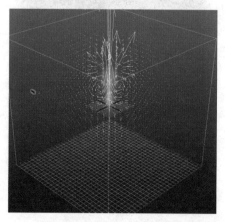

● 设置动力学模拟

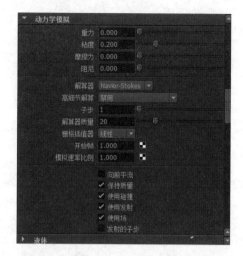

● 设置液体

● 设置内容详细信息中的密度

● 设置内容详细信息中的速度

● 设置内容详细信息中的湍流

● 设置内容详细信息中的温度

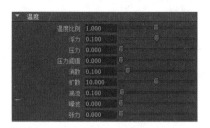

步骤 7 打开 UE4 导出工具，设置单帧导出，导出的帧为 70，开始帧可视情况设置。路径需要手动填写，命名文件的前缀，如图 5.4.17 所示。

图 5.4.17　设置路径等

步骤 8 把文件中的矢量场导入 UE4，拖曳到场景中进行使用，如图 5.4.18 所示。

图 5.4.18　将矢量场导入 UE4

步骤 9 把矢量场与粒子效果放置到合适位置，如图 5.4.19 所示。

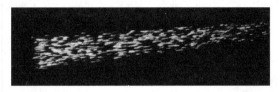

图 5.4.19　合适位置

在 UE4 中把粒子放置到矢量场中，可看到矢量场对粒子运动产生变化，如图 5.4.20 所示。

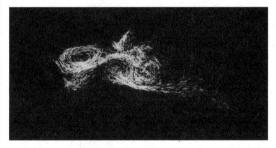

图 5.4.20　最终效果

提示：粒子需要在发射器面板上添加矢量场模块才能被影响，如图 5.4.21 所示。

图 5.4.21　添加矢量场模块

5.5　本章小结

通过对火焰、烟雾和水流的粒子特效操作，相信学员们都已经对粒子发射器和模块的制作原理有一定的认识。在进行粒子特效制作中，我们不仅要理解粒子系统的理论基础，还要进行多次实际操作。可以发现粒子系统就是制作所需要类型的材质和它具有的强大矢量场。提供把输入值从一个范围映射到另一个范围的功能，允许在"Cascade-空间"中调整参数而不需要更新游戏代码。在今后的学习中将发现，模块之间的运算为各种粒子特效实现了各种可能。

第 6 章

虚幻引擎 4 蓝图

本章学习重点

※ 了解蓝图概念与工作原理。

※ 了解基础的蓝图节点使用，灵活运用蓝图中的节点、事件、函数及变量之间的关系。

※ 通过案例掌握蓝图制作。

※ 使用 UI 设计器选项卡进行界面视觉布局并运用控件蓝图实现 UI 中的功能。

6.1 蓝图介绍

　　UE4 蓝图，其理念是在虚幻编辑器中使用节点的链接表现一个事件，和一些常见的脚本语言一样。蓝图里主要有节点、事件、函数及变量，它们都是编程好的模块节点，背后都是复杂的程序代码，代码是底层基础语言。UE4 可以通过 C++ 语言和蓝图语言实现可视化脚本，在 UE4 中是用蓝图来定义对象的。通过创建室内蓝图与室内场景进行互动。

关卡蓝图与蓝图类

（一）关卡蓝图

　　打开关卡蓝图，默认工作界面主要由菜单栏、工具条、我的蓝图、图表编辑器、详细信息组成，如图 6.1.1 所示。

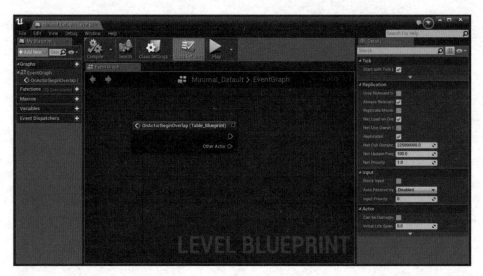

图 6.1.1 编辑关卡蓝图界面

　　在关卡里使用最多的是我的蓝图和图表编辑器。

　　我的蓝图包括图表、函数、宏、变量、事件调度器。在图表中可以创建事件蓝图，对场景中的 Actor 或其他对象进行编辑，Actor 可以直接拖动到图表编辑器中，发生的事件在图表编辑器中编辑，实现其想要的功能。

- 函数：蓝图中的特定图表，函数可以看成一个特别的节点，只针对一件事，创建的函数可以在执行时被调用，在函数图表中创建函数播放时不会直接实现其函数作用，函数必须和事件连在一起才起到函数被调用的作用。

- 宏：从本质上讲和合并的节点图表一样。宏图表中有一个输入点和输出点，在蓝图宏中设置一些功能就把数据引脚及执行引脚链接到输出点和输入点中，简单地说就是把多个节点变成一个节点。

- Variables（变量）：是存放一个值或引用世界中的一个 Object 或 Actor 的属性，编辑蓝图时通过改变变量值直接调用。

● Event Dispatcher（事件调度器）：绑定一个或多个事件，可以在调用该事件调度器后触发所有事件。这些事件可以在类蓝图中进行绑定，但事件调度器也允许在关卡蓝图中激活这些事件。

1. 变量类型及功能

变量类型	颜色	应用
Boolean（布尔型）	红色	代表布尔型（true/false）数据
Integer（整型）	蓝绿色	代表整型数据或者没有小数位的数值，比如 0、152 和 −226
Float（浮点型）	绿色	代表浮点型数据或具有小数位的数值，比如 0.0553、101.2887 和 −78.322
String（字符串）	洋红色	代表字符串型数据或者一组字母数字字符，比如 Hello World
Text（文本）	粉色	代表显示的文本数据，尤其是在文本需要进行本地化的地方
Vector（向量）	金黄色	代表向量型数据，或者说是代表由 3 个浮点型数值的元素或坐标轴构成的数值，比如 XYZ 或 RGB 信息
Rotator（旋转量）	紫色	代表旋转量数据，这是一组在三维空间中定义了旋转度的数值
Transform（变换）	橙色	代表变换数据，它包括平移（三维位置）、旋转及缩放
Object（对象）	蓝色	代表 Objects（对象），包括 Lights、Actors、StaticMeshes、Cameras 及 SoundCues

2. 工具栏功能按钮

图标	名称	描述
	Compile（编译）	单击该按钮编译编辑中的蓝图。编译过程的输出显示在消息日志的蓝图日志中
	Search（搜索）	在当前蓝图中查找函数、事件、变量和脚本的引用
	Class Settings（类设置）	编译类设置，打开详细信息的蓝图属性
	Class Defaults（类默认值）	显示选项卡默认面板详细信息
	Play（播放）	在蓝图编辑器中播放，蓝图节点在蓝图图表中运行，项目也将运行

（二）蓝图类

概念：蓝图类是给场景中的内容添加功能，关卡蓝图是过程控制，而蓝图类是对象控制。对选定的某一个对象在虚幻编辑器中对其创建属性，不需要写代码，以类的形式保存在内容中。这些被控制的对象可以作为实例放置到地图中，蓝图类是有针对性的，如图 6.1.2 所示。对蓝图类概念可以拆分理解，蓝图类拆分为蓝图和类。类包含有关对象动作方式的信息，包括它的名称、方法、属性和事件。

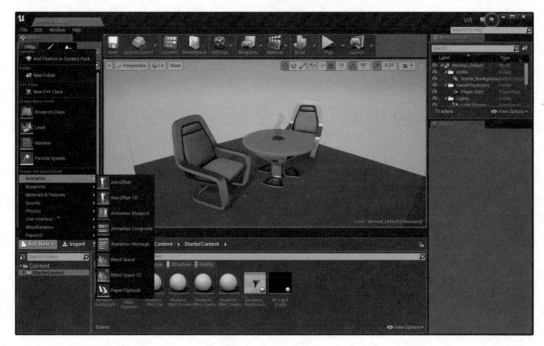

图 6.1.2 添加新项

6.2 虚幻引擎 4 功能制作

　　VR 场景制作中需要添加各种功能，这些功能与玩家产生互动从而引起其好奇心。在这些功能的背后需要的是创建蓝图项目，通过编辑蓝图实现其功能。一个功能的实现方法有很多种，在 VR 室内制作中，常用的功能有开关灯、开关门、开关水龙头等。下面以案例详解 UE4 的功能制作过程。

6.2.1 制作按键式开关灯

　　打开 UE4，新建具有初学者内容的项目，利用具有初学者内容提供的原有素材建立简单的场景，素材可以在内容浏览器中找到，建立的场景如图 6.2.1 所示。

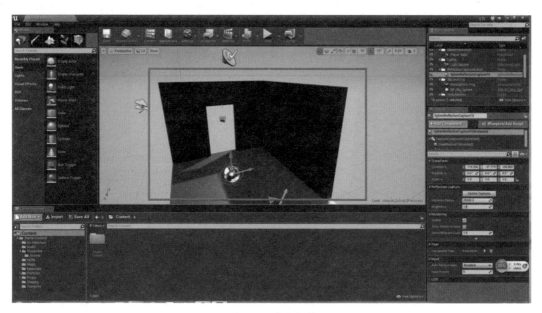

图 6.2.1　建立场景

在场景的建立中把场景和现实生活的场景结合起来，使得场景更为逼真。在进门口处添加两盏壁灯，在场景中发光源是从某一个物体或某一个区域发出光亮，在悬空的空气中发光不符合现实生活场景，所以在添加壁灯前给壁灯添加灯罩。具体步骤如下。

步骤 1　添加壁灯灯罩，旋转其位置并放置到合适的高度。放置好之后在门的另一边复制灯罩，使场景更加美观，可根据实际情况添加灯罩数量，如图 6.2.2 所示。

图 6.2.2　放置壁灯灯罩

步骤 2　放置好壁灯灯罩之后，接下来就是放置光源，灯光放置应由所在的环境决定，通过使用点光源和聚光源即可。一个灯槽里同时可以放置两种光源，这两种光源的放置是为了灯光更加精致。壁灯由于有灯罩，所以放置的光源一般是聚光源，光有方向性，可以表达出比较强烈的效果。通过选择 Mode（模式）→ Light（光照）→ Spot Light（聚光源），按住鼠标左键拖动灯光进入视口中，如图 6.2.3 所示。

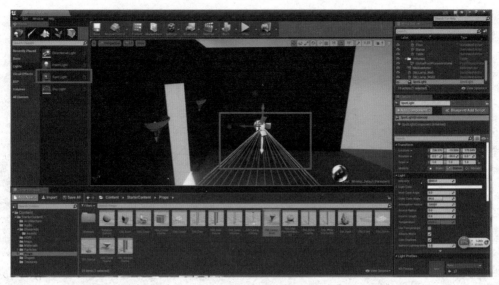

图 6.2.3 场景放置灯光

　　旋转灯光方向，使灯光照射方向和壁灯一致，把光源移动到灯罩内合适位置，调整好灯光位置，如图 6.2.4 所示。

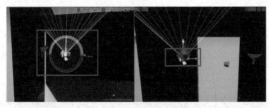

图 6.2.4 灯光放置调节

提示：对光照参数调节，如图 6.2.5 所示，在详细信息栏对灯光进行光照参数设置，如光照的强度、颜色、内锥角、外锥角、衰减半径等，可以参照本书虚幻引擎 4 灯光章节。

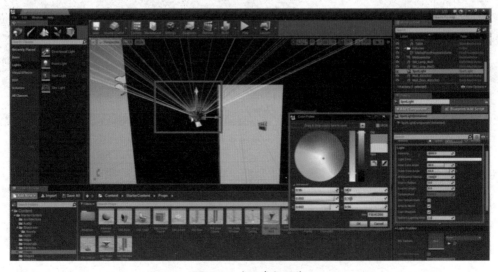

图 6.2.5 光照参数调节

设置好光照参数后复制灯光到另一个壁灯灯罩内，调整好位置，控制整体环境效果，如图6.2.6 所示。

图 6.2.6 布置灯光

步骤 3 制作开关灯功能则需要在场景中添加盒体触发器，在模式面板中，选择 Place（摆放模式）→ Basic（基本体）→ Box Trigger（盒体触发器），在视口中创建盒体触发器，并调整好盒体触发器的大小和位置，如图 6.2.7 所示。

提示：本案例用按键式控制灯的亮灭，只有在盒体触发器的范围内触发按键才能使壁灯亮或者灭。所以盒体触发器的大小位置根据需要进行设置。

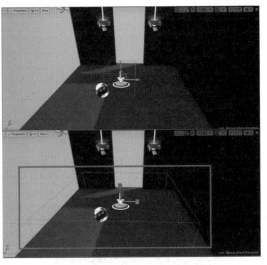

图 6.2.7 盒体触发器的放置

步骤 4 放置好盒体触发器后，同时选中要制作的灯光，把墙上的两个聚光灯和盒体触发器同时选中，如图 6.2.8 所示。

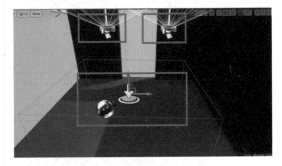

图 6.2.8 选中盒体触发器和灯光

步骤 5 选中盒体触发器和灯光后，单击工具栏的蓝图按钮，选中蓝图展开内容中的 Convert Selected Components To Blueprint Class（转换选择的组件为蓝图类），创建关于灯光的灯光蓝图，如图 6.2.9 所示。

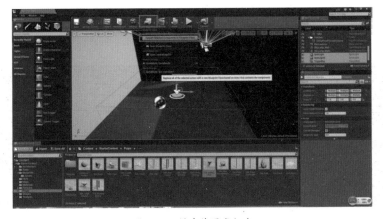

图 6.2.9 创建蓝图类灯光

步骤 6　单击创建后出现的灯光蓝图路径，选择创建灯光蓝图文件路径，对创建的灯光蓝图文件进行命名（如命名为 kaiguandeng），如图 6.2.10 所示。

提示：在命名的过程中不要使用中文命名，避免文件识别时不能读取或者不兼容，导致灯光蓝图无法被正常调用。

步骤 7　单击创建蓝图，成功创建蓝图类灯光蓝图，如图 6.2.11 所示。创建蓝图可以对灯光进行蓝图编辑，对灯光进行控制。

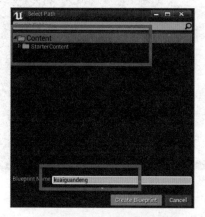

图 6.2.10　灯光蓝图创建路径

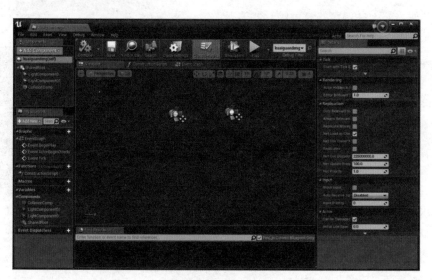

图 6.2.11　创建灯光蓝图

步骤 8　进入事件图表中，删除系统自带的事件节点。在事件图表中，选中视口中所有节点，按 Delete（删除）键删除节点，便于清楚观察视口所创建的灯光节点，如图 6.2.12 所示。

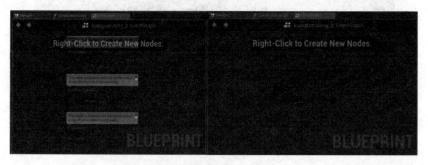

图 6.2.12　删除事件图表内节点

步骤 9 在组件内容中找到 Collision Comp（盒体触发器），在盒体触发器选中状态下，在事件图表中单击鼠标右键→选择 Add Event for Collision Comp → Collision → Add on component Begin Overlap，在事件蓝图中添加 on component Begin Overlap，如图 6.2.13 所示。

图 6.2.13　添加 on component Begin Overlap

步骤 10 在组件内容中找到 Collision Comp（盒体触发器），选中盒体触发器，到事件图表中单击鼠标右键，选择 Add Event for Collision Comp → Collision → Add on component End Overlap，在事件蓝图中添加 on component End Overlap，如图 6.2.14 所示。

图 6.2.14　添加 on component End Overlap

步骤 11 按住鼠标左键，在添加 on component Begin Overlap 中连出引线，在输入框输入 Enable Input（启用输入），创建 Enable Input（启用输入）节点，如图 6.2.15 所示。

图 6.2.15　创建启用节点

步骤 ⑫ 按住鼠标左键，在添加 on component End Overlap 中连出引线，在输入框输入 Disable Input（禁用输入），创建 Disable Input（禁用输入）节点，如图 6.2.16 所示。

图 6.2.16 创建禁用输入节点

步骤 ⑬ 设置好启用和禁止节点后，就需要一个控制器来控制这两个节点。单击鼠标右键去掉情景关联，输入 Get Player Controller（控制器）找到控制器节点，创建 Get Player Controller（控制器）节点，如图 6.2.17 所示。

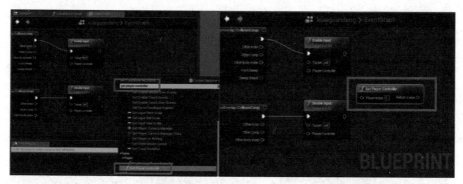

图 6.2.17 控制器节点

步骤 ⑭ 创建控制器节点，把控制器连接到启用和禁用的控制点上，如图 6.2.18 所示。

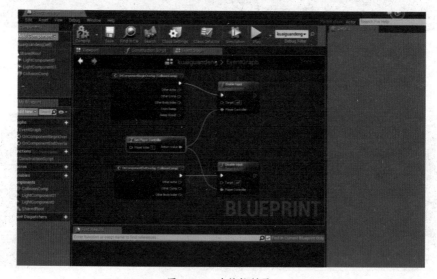

图 6.2.18 连接控制器

步骤 ⑮ 目前已设置好控制灯亮灭区域，使用触发式开关灯设置一个键盘按键来控制灯的亮灭，如图6.2.19 所示。

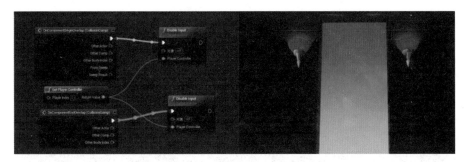

图 6.2.19 在可视化编辑器里观察运行文件

步骤 ⑯ 设置开关灯按钮，单击鼠标右键在事件图表中输入"F"创建按键节点（字母按键可随意设定），如图 6.2.20 所示。

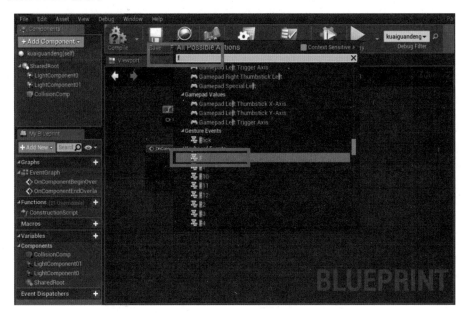

图 6.2.20 设置开关灯按键

步骤 ⑰ 灯的亮灭需要通过一个节点来控制灯的可见性，通过"F"键引线搜索 Toggle Visibility（切换可见性）节点，如图 6.2.21 所示。

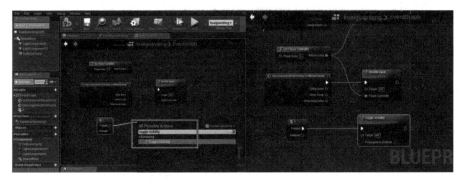

图 6.2.21 创建切换可见性节点

步骤 ⑱ 制作好切换可见性的节点后还要作用到事件上，这个事件就是控制的灯光，把组件中的灯光拖动到事件图表中，如图 6.2.22 所示。

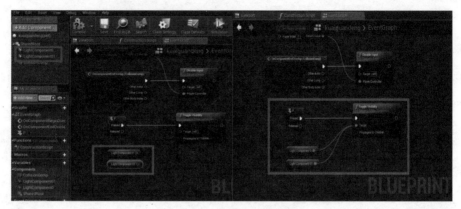

图 6.2.22 连接灯光

步骤 ⑲ 对编辑好的蓝图进行 Compile(编译) 操作，单击 Play(播放) 按钮，对场景中的灯光进行测试，如图 6.2.23 所示。

图 6.2.23 保存蓝图和运行项目

提示：本案例按键式开关灯在盒体触发器内才可以运行使用。

知识拓展：若不需要设置在一定范围内控制开关灯，可在关卡蓝图中简单操作，去掉启用和禁止事件节点，只需要用按键控制灯的可见性事件。

6.2.2 制作按键式开关门

在 VR 室内设计中开关门是必不可少的，开门的方式也多种多样，有感应自动门、推拉门、轴向门等。但是有一点是一样的，门在打开或者关闭时都会有一条运动的轴线，接下来通过案例解析按键式开关门和触发式开关门。

1. 按键式开关门

打开 UE4 项目，在制作灯光的案例场景中添加一个门，如图 6.2.24 所示。

步骤 1 把门的模型拖入场景中（门轴设置：门轴应是门的一侧，门就可以围绕这个轴进行旋转）。

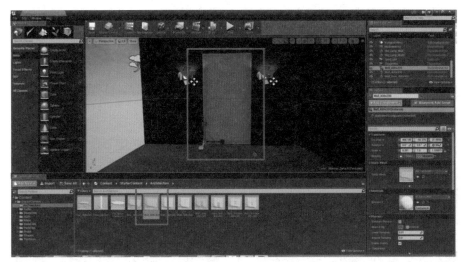

图 6.2.24 设置门轴

步骤 2 设置开关门的方法有很多，在这里用播放动画的方式制作开关门。首先要创建一个 Matinee，可以在摆放模式或工具栏中添加 Matinee，如图 6.2.25 所示。

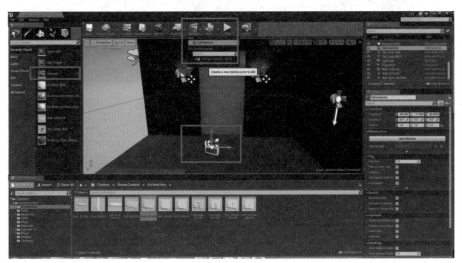

图 6.2.25 创建 Matinee

步骤 3 打开创建后的 Matinee，用 Matinee 对门创建一个动画。选中场景中的门，在打开的 Matinee 导演处空白的地方单击鼠标右键，新建一个 Add New Empty Group（新建新空组），门就可以和添加的 Matinee 关联到一起，如图 6.2.26 所示。

步骤 4 单击 Add New Empty Group（新建新空组），对新建的空组进行命名。单击创建好的 Add New Empty Group（新建新空组），单击鼠标右键创建 Add New Movement Track（添加新的运动轨迹），如图 6.2.27 所示。此运动轨迹就是制作开门或关门时所产生的轨迹。

步骤 5 创建 Add New Movement Track（添加新的运动轨迹）后对运动轨迹的时间进行设置。首先拖动轨迹栏下方的关键帧，在时间上设置开门或关门用时为 2 秒钟，在时间轴上可以看见起始点和末尾点分别有两个小三角符号（粉红色的三角符号为这段动画所播放的起点和结束点，绿色的三角符号为这段画面播放时有效的时间范围），如图 6.2.28 所示。

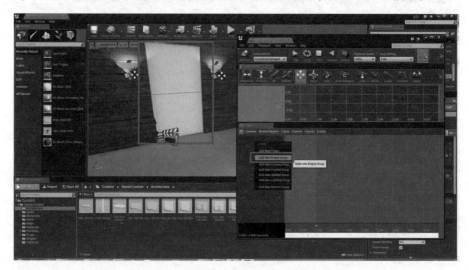

图 6.2.26　创建 Add New Empty Group

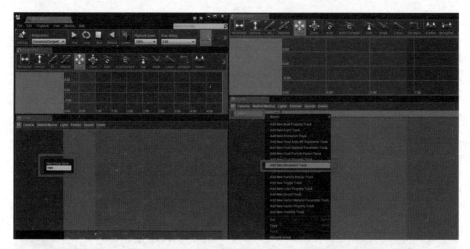

图 6.2.27　Add New Movement Track（添加新的运动轨迹）

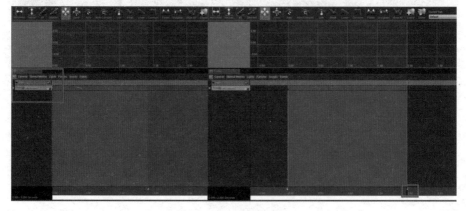

图 6.2.28　设置开门时间

步骤 6 在创建 Add New Movement Track（添加新的运动轨迹）时，将会默认创建动画的起始帧。此时把时间轴上的关键帧移动到 2 秒的地方→切换到视口旋转打开门的角度→选中门旋转 90°→按下 Enter 键打下结束帧点，设置完成对门运动的轨迹，如图 6.2.29 所示。

图 6.2.29 对门设置运动轨迹

提示：在按下 Enter 键打关键帧时，必须先选中时间轴 Add New Movement Track（添加新的运动轨迹），如果在制作的过程中没有选中 Add New Movement Track（添加新的运动轨迹）是无法打下关键帧的。

步骤 7 单击 Loop（循环）播放，查看门打开的速度。若门打开速度过快，可以在 Add New Movement Track（添加新的运动轨迹）调整时间，把时间轴上的三角符号往后拉到合适位置，把 Add New Movement Track（添加新的运动轨迹）上的关键帧拖到和时间轴一致，如图 6.2.30 所示。

图 6.2.30 观察门打开速度

步骤 8 在视口中放置 Box Trigger（盒体触发器），通过 Box Trigger（盒体触发器）来触发门的开关，调整 Box Trigger（盒体触发器）在场景的合适大小。在关卡蓝图中单击 Blueprints（蓝图）中的 Open Level Blueprint（打开关卡蓝图），在蓝图中对开关门进行编辑，如图 6.2.31 所示。

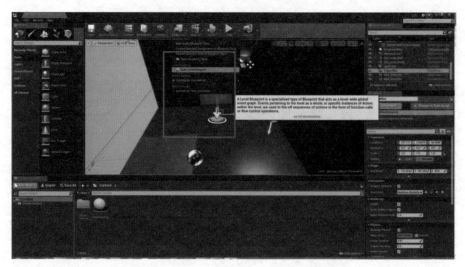

图 6.2.31 打开 Open Level Blueprint（打开关卡蓝图）

提示：在单击 Blueprints（蓝图）中的 Open Level Blueprint（打开关卡蓝图）对门进行编辑时，要先选中 Box Trigger（盒体触发器），在选中 Box Trigger（盒体触发器）的基础上打开蓝图。

步骤⑨ 在关卡蓝图编辑器中把原有默认的事件节点删除，清空视口中的节点。添加 On Actor Begin Overlap，在视口中单击鼠标右键选择 Add Event for Trigger Box1（添加事件）→ Collision（碰撞）→ Add On Actor Begin Overlap（添加角色开始重叠），如图 6.2.32 所示。

图 6.2.32 添加 On Actor Begin Overlap

步骤⑩ 添加 On Actor End Overlap，在视口中单击鼠标右键选择 Add Event for Trigger Box1（添加事件）→ Collision（碰撞）→ Add On Actor End Overlap（添加角色结束重叠），如图 6.2.33 所示。

步骤⑪ 创建 Add On Actor Begin Overlap（添加角色开始重叠）后就需要事件节点发出指令，在开始的时候要对事件进行启用。通过 Add On Actor Begin Overlap（添加角色开始重叠）连线搜索，在搜索中输入 Enable Input，单击 Enable Input（启用输入）节点，如图 6.2.34 所示。

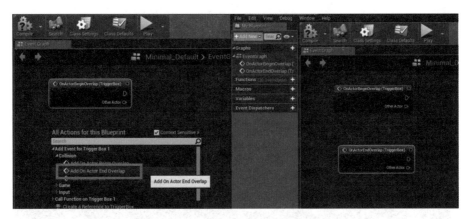

图 6.2.33 添加 On Actor End Overlap

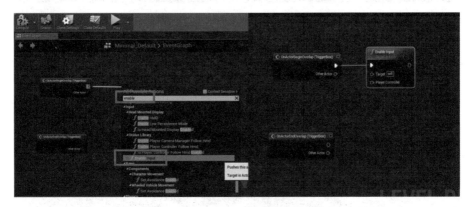

图 6.2.34 Enable Input（启用输入）

步骤 12 创建 Add On Actor End Overlap（添加角色结束重叠）就需要这个事件节点发出指令，在结束的时候要对事件进行禁用。通过 Add On Actor End Overlap（添加角色结束重叠）连线搜索→在搜索中输入 Disable Input→单击 Disable Input（禁止输入）节点，如图 6.2.35 所示。

图 6.2.35 Disable Input（禁止输入）

步骤 13 设置好启用和禁止节点后就需要一个控制器来控制这两个节点的启用或禁止，创建 Get

Player Controller（控制器）节点，如图 6.2.36 所示。

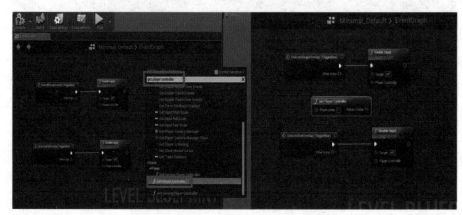

图 6.2.36　Get Player Controller（控制器）

步骤⑭ 创建控制器节点后，把控制器连接到启用和禁用的控制点上面，就可以对门的启用和禁用进行控制，如图 6.2.37 所示。

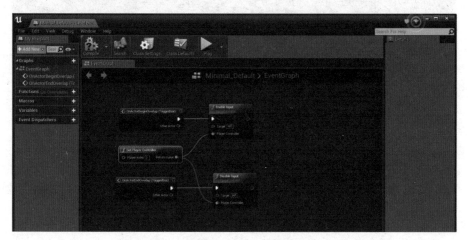

图 6.2.37　连接控制器

步骤⑮ 创建一个按键控制门开或关，设置"G"为门的开关键来控制门的开或关（在设置按键的时候注意按键和其他功能按键勿重复使用），如图 6.2.38 所示。

图 6.2.38　设置 G 为开关门按键

步骤 16 在场景中的门要和蓝图关联在一起，就需要把门转化为蓝图进行编辑。在转化的过程中首先要选中场景中的 Matinee，因为开关门的动作是编辑在 Matinee 里面的。选中场景中的 Matinee 后在蓝图中单击鼠标右键，选择 Create a Reference to Matinee Actor1（创建一个 Matinee 的引用），如图 6.2.39 和图 6.2.40 所示。

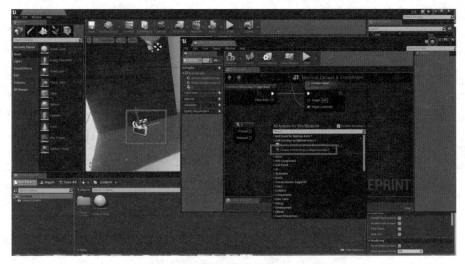

图 6.2.39 创建一个 Matinee 的引用 1

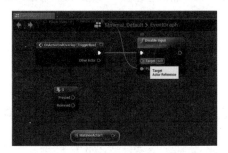

图 6.2.40 创建一个 Matinee 的引用 2

步骤 17 通过创建播放节点控制 Matinee，用转化为蓝图的 Matinee 连线搜索 Play（播放），创建 Play（播放）节点，如图 6.2.41 所示。

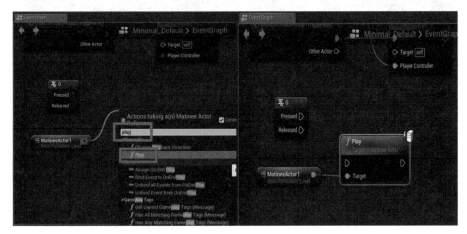

图 6.2.41 创建 Play（播放）节点

步骤⑱ 转化为蓝图类的 Matinee 尝试用 G 键控制开关门,观察是否能控制,单击 Play(播放),在范围内第一次按 G 键,结果是门会打开。第二次按 G 键时门无法关闭,这是因为在按下 G 键时相当于播放了在 Matinee 里设置的动画,动画在播放时按顺序播放,如图 6.2.42 所示。

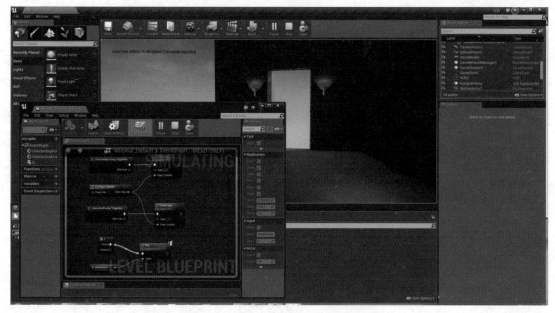

图 6.2.42 播放项目

步骤⑲ 第一次按 G 键时,门打开是按动画顺序播放,门关闭动画是倒着播放,这时需要把 G 键做一个分支来控制 Matinee。首先在蓝图视口中单击鼠标右键搜索 branch(分支),如图 6.2.43 所示,把分支连接在按键 G 节点和 Play(播放)之间。

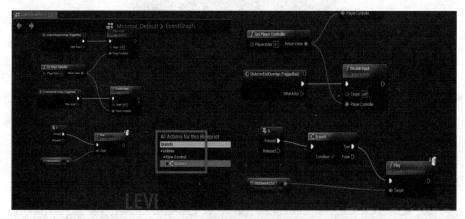

图 6.2.43 创建 Branch(分支)节点

步骤⑳ 分支同样是用 G 键控制 Matinee 的,开门时 Matinee 的播放是顺时播放的,而关门时反向播放。通过单击鼠标右键搜索 Reverse(相反)节点,在 Matinee 连接中加入 Reverse(相反)节点,使 Matinee 反向播放,如图 6.2.44 所示。

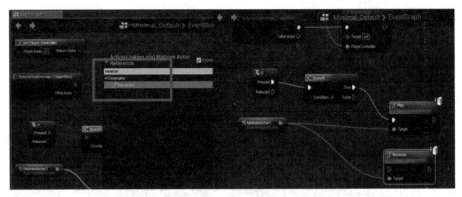

图 6.2.44 添加 Reverse（相反）节点

步骤 21 门开关要随时调取，添加一个变量随时可以调取门的数值，在我的蓝图中添加一个变量。选择 Variables（变量），单击符号"＋"的位置添加变量，把添加的变量拖到蓝图视口中，拖入后出现 Get（获得）和 Set（设置），单击 Get（获得），最终 Get（获得）为变量门创建取值器，如图 6.2.45 和 6.2.46 所示。

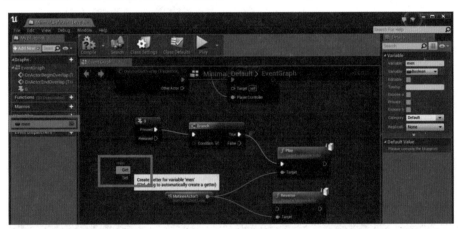

图 6.2.45 添加变量

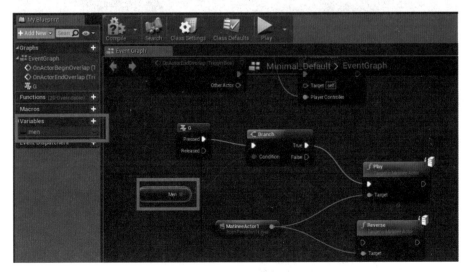

图 6.2.46 为变量门创建取值器

步骤 22 添加 Get（获取）门变量取值器后，就要再给变量门赋值器。拖动变量门到蓝图视口中，单击 Set（设置），同时创建两个赋值器，用于 Matinee 顺时和反向播放，如图 6.2.47 所示。

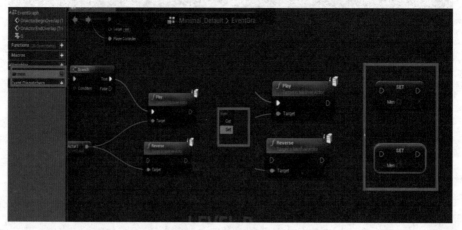

图 6.2.47 创建赋值器

步骤 23 把创建的节点连接起来，在 Branch（分支）节点处有 True（真实）和 False（虚假）连接点，True（真实）连接到 Play（播放）节点，False（虚假）连接到 Reverse（相反）。在 Play（播放）和 Reverse（相反）节点后连接到变量门的赋值器上，而连在 Reverse（相反）节点后面的 Set（设置）中需在小方框中把钩勾上，Branch（分支）的 Condition（决定）连接获得的变量，而 Branch（分支）是用来判断变量真假的，如图 6.2.48 所示。

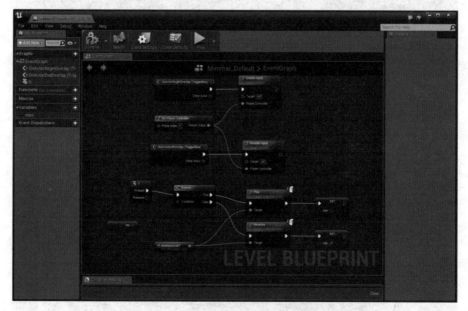

图 6.2.48 节点连接

步骤 24 保存所有，单击 Play（播放），行走到盒体触发器的范围按 G 键，观察门打开和关闭效果。完成开关门的制作，如图 6.2.49 所示。

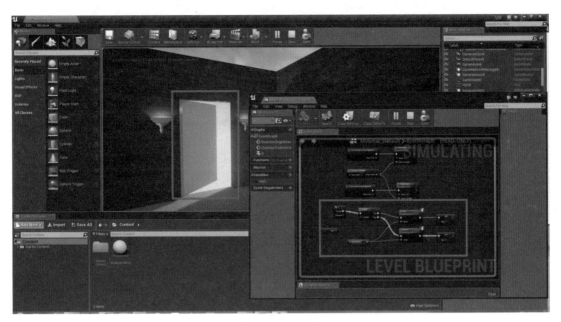

图 6.2.49 运行项目

2. 触发式开关门

打开 UE4 项目，可以根据按键式的操作步骤进行制作，触发式开关门只需要修改按键式开关门的蓝图即可。在编辑好的关卡蓝图中找到按键式开关门的功能蓝图，在蓝图中把按键分支后的节点和分支断开，如图 6.2.50 所示。

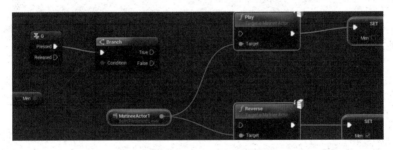

图 6.2.50 断开不使用的节点

步骤 1 由于触发式开关门不需要按键控制，可以将其删除。断开节点 Play（播放）和 Reverse（相反），让 Enable Input（启用输入）节点和 Disable Input（禁止输入）节点相连接，如图 6.2.51 所示。

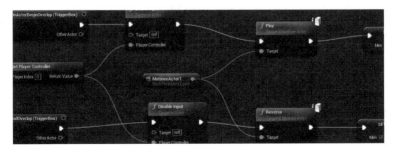

图 6.2.51 连接其他节点

步骤2 在触发式的蓝图节点连接中，Add On Actor End Overlap（添加角色结束重叠）节点不要和 Disable Input（禁止输入）节点相连接，而是把 Add On Actor End Overlap（添加角色结束重叠）节点直接连接到 Reverse（相反）节点上，如图 6.2.52 所示。

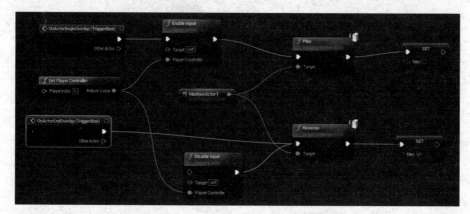

图 6.2.52 连接节点

6.2.3 制作触发式开关水

在 VR 场景中为了增加更真实的体验，厨房和卫生间通常用到开关水功能。打开制作好的项目，在室内做开关水需要有水龙头或出水口，如图 6.2.53 所示。

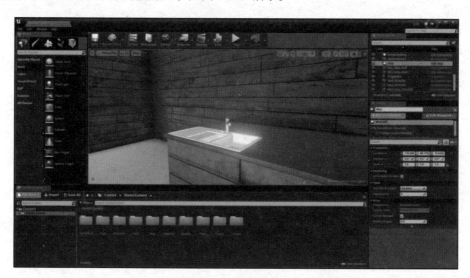

图 6.2.53 布置场景

步骤1 布置好场景后把水粒子特效素材拷贝到项目文件夹 Content 中，如图 6.2.54 所示。

图 6.2.54 粒子拷贝到 Content 文件夹

步骤 2 在内容浏览器中找到水粒子并拖到场景中，调整粒子发射的方向，把粒子的发射点移动到水管的出水口，如图 6.2.55 所示。

图 6.2.55 放置水粒子

步骤 3 在场景中添加 Box Trigger（盒体触发器），制作水管喷射出的水粒子需要用盒体触发器去触发这一事件的发生。在摆放模式中选中 Box Trigger(盒体触发器)放到场景中，如图 6.2.56 所示。

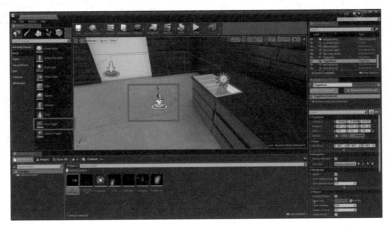

图 6.2.56 放置 Box Trigger（盒体触发器）

步骤 4 选中 Box Trigger（盒体触发器）和水粒子，把选中 Box Trigger（盒体触发器）和水粒子转化为蓝图类，如图 6.2.57 所示。

图 6.2.57 转换为蓝图类

单击转换蓝图类后，选中创建的触发水粒子蓝图，保
存路径和文件命名，如图 6.2.58 所示。

图 6.2.58 选中保存路径和命名

转化为蓝图类后如图 6.2.59 所示。

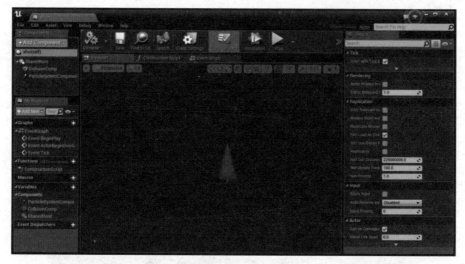

图 6.2.59 转换为蓝图类

步骤⑤ 在场景中水粒子是喷射出来的，水流一直打开是不符合现实的，需要把喷射的粒子关闭，在
项目运行的时候触发盒体触发器才能使水粒子喷射出来，如图 6.2.60 所示。

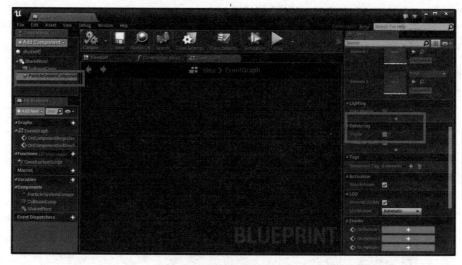

图 6.2.60 关闭喷出的水粒子可见性

在 Add Component（添加组件）中选中水粒子，在 Details（详细信息）中找到 Rendering（呈现）里的 Visible（可见），Visible（可见）激活时可以直接看见水粒子喷射，把"√"去掉，如图 6.2.61 所示。

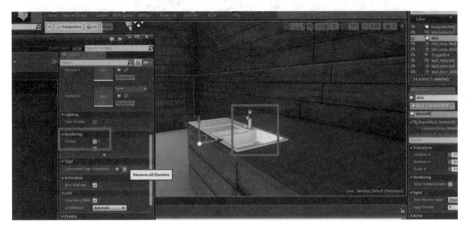

图 6.2.61 关闭喷出的水粒子可见性

步骤 6 接下来对触发盒子进行编辑，如图 6.2.62 所示。在 Add Component（添加组件）中找到盒体触发器 Collision Comp（碰撞比较），选中 Collision Comp（碰撞比较）后，在蓝图视口中单击鼠标右键，选择 Add On Component Begin Overlap（添加对组件开始重叠）→ Collision Comp（碰撞比较），然后在蓝图视口单击鼠标右键，选择 Add On Component End Overlap（添加对组件结束重叠）。

图 6.2.62 添加组件

步骤 7 把 Add Component（添加组件）中的 Particle System Component（粒子系统组件）拖到蓝图视口中，Particle System Component（粒子系统组件）就是转化为蓝图的水粒子，如图 6.2.63 所示。

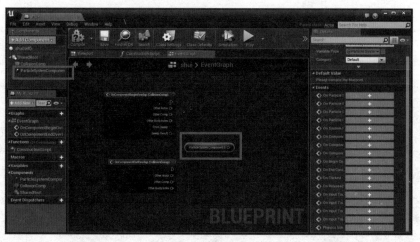

图 6.2.63 Particle System Component（粒子系统组件）

步骤 8 在场景添加 Particle System Component（粒子系统组件）后引线搜索 Toggle Visibility（切换或触发可见性）节点，以达到触发 Collision Comp （碰撞比较）盒体触发器使水粒子喷射的效果，如图 6.2.64 所示。

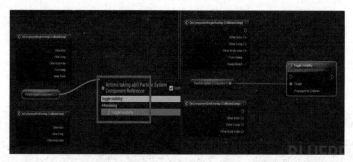

图 6.2.64 添加 Toggle Visibility 节点

步骤 9 Add On Component Begin Overlap（添加对组件开始重叠）和 Add On Component End Overlap（添加对组件结束重叠）事件连接到节点 Toggle Visibility（切换或触发可见性）上，最终保存所有，如图 6.2.65 所示。

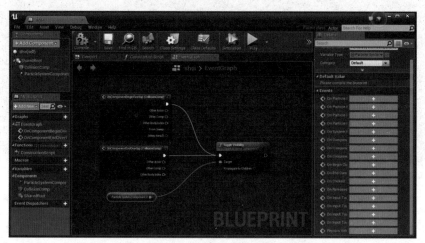

图 6.2.65 连接各节点

6.3 室内漫游视频制作

概念：室内漫游视频制作是建筑漫游的一部分，通过虚拟现实技术对建筑场景进行仿真，有人机交互性，真实的空间感。漫游视频可以从任意角度、距离和精细程度观察场景，以让人眼平时不能观察到的角度展现出来，达到强烈逼真的感官冲击，从而吸引住观众。

一个吸引无数观众眼球的漫游需要制作者掌握大量的知识，这一系列都需要用镜头说话，如镜头语言、色彩、音效、蒙太奇等。蒙太奇制作是表达中心思想的手段。对景别基础的掌握，如远景、近景、大全景、小全景、全景、中景、特写、大特写、极特写等；通过摄像机的运动表达自己的思想感情，如摄像机的升降、推拉、仰视、俯视等，比如仰视给人高大、庄严等；对物体进行变焦或者主观拍摄；对画面进行淡入淡出；画面的倒正；反转处理等都表达着其中的情感。

在漫游视频的制作中对场景中的光效、阴影、色彩、相机进行布控，通过不同的镜头将全部想表达的内容表现出来，以艺术的手段剪辑组合成完整的视频，使其自然流畅。

室内漫游视频制作案例

1. 添加 Camera（相机）

UE4 室内漫游视频制作要用 Matinee 和相机，但是在此之前要对场景的主题思想进行判断，布置好场景，如图 6.3.1 所示。

图 6.3.1 布置场景

对场景一切布置就绪后，给场景添加 Matinee，可以对其重命名，如图 6.3.2 所示。

图 6.3.2 Add Matinee

（1）创建好 Matinee 后就会默认进入它的工作面板，在编辑中关闭后的 Matinee 需要再次打开有两种方式。

方式一：在工具栏中单击打开 Matinee 的下拉菜单，在下拉菜单中单击创建好的 Matinee 文件，如图 6.3.3 所示。

图 6.3.3 打开 Matinee

方式二：在世界大纲视图中找到已经创建的 Matinee 文件，单击 Open Matinee（打开 Matinee）按钮，如图 6.3.4 所示。

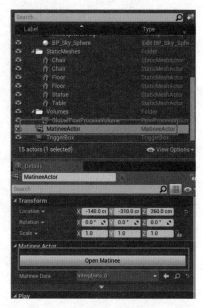

图 6.3.4 打开 Matinee

Matinee 的工作界面主要分为五大块，有菜单栏、工具栏、曲线编辑器、轨道视图、详细信息，如图 6.3.5 所示。

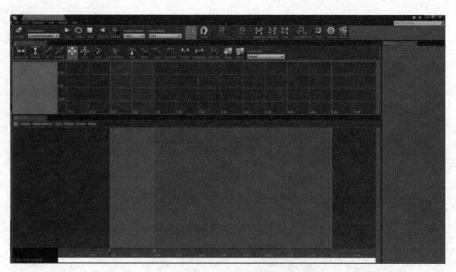

图 6.3.5 Add Matinee 工作界面

菜单栏、工具栏和曲线编辑器在其他章节中介绍过，在这主要讲解漫游视频 Tracks（轨道视图）的运用。在 Tracks（轨道视图）中可以分为四块，组选卡、组和轨迹列表、时间轴信息、时间轴，如图 6.3.6 所示。

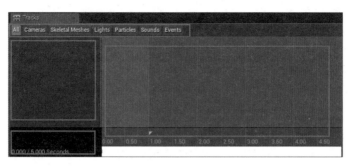

图 6.3.6 Tracks（轨道视图）

（2）通过下面的几个案例了解和掌握 Tracks（轨道视图）的运用。添加 Matinee，如图 6.3.7 所示。相机在摆放模式中可以搜索到，或者是在 Place（摆放模式）中的 All Classes（所有类）下拉菜单中找到，用来在场景中创建相机。

图 6.3.7 添加相机

● 平移镜头

把添加到场景中的相机对准被拍摄物体，在视口的右下方可以看见相机当时所处的视角，对其拍摄进行起幅构图。当起始点（起幅）做好后进入 Matinee 当中，在组和轨迹列表单击鼠标右键，选择 Add New Camera Group（添加新相机组），对其重命名，如图 6.3.8 所示。

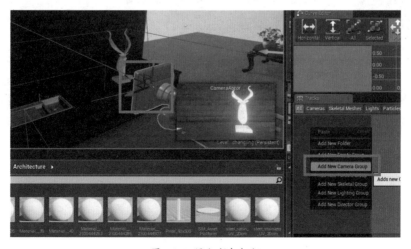

图 6.3.8 添加新相机组

在组和轨迹列表添加的相机组中出现两个默认子组，分别是 Movement（运动）和 FOV Angle（视场角），Movement（运动）控制相机在场景中的位移，FOV Angle（视场角）是控制镜头角度的变化，如图 6.3.9 所示。

创建的相机会在 Movement（运动）轨的时间轴零的地方默认创建一个关键帧，在时间轴上打的关键帧为深红色正三角符号，时间轴底部出现两个三角符号，红色标记序列本身，控制整个漫游时间的长短，绿色标记其中包含循环区的开始和结束标记，关键帧的标记可以使用 Enter 键打下关键帧，按 Ctrl+ 鼠标左键可以移动关键帧与调整视频时间。

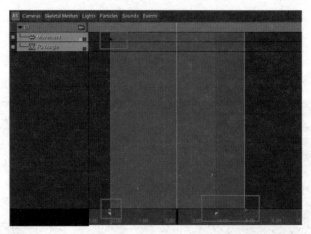

图 6.3.9　默认子组

在 Matinee 的时间轴上移动时间条，选择 Movement（运动）轨，在视口中把相机平移到结束点（落幅），在 Movement（运动）轨上按 Enter 键打下结束点的关键帧，如图 6.3.10 所示。

图 6.3.10　平移镜头

● 旋转式向下运动镜头

在场景中添加第二个镜头，按照如图 6.3.8 所示的方法添加第二个相机组，以俯视方式做镜头二的起始点，如图 6.3.11 所示。

图 6.3.11　创建镜头二起始点

在 Matinee 中调整时间轴上的时间条，在场景中通过下拉和旋转移动相机到结束点，在结束点（落幅）的地方进行摄像机画面的构图布置，回到 Matinee 的 Movement 时间轴上按 Enter 键打下结束点的关键帧，如图 6.3.12 所示。

图 6.3.12　镜头二结束点

在起始点和结束点中，相机的运动是直线运动，为了画面的协调性，需要把它的直线运动变为曲线运动。在做曲线时把视口切换到顶视图，这有利于观察运动时的轨迹。把时间条移动到起始点和结束点的中央，按 Enter 键打下关键帧，如图 6.3.13 所示。

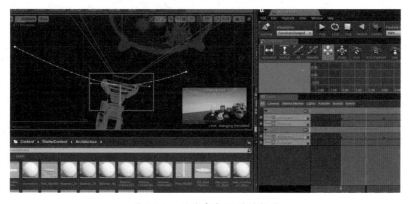

图 6.3.13　改变相机运动的轨迹

● 相机景深

景深的拍摄也是在拍摄过程中常用的一种手法，按照镜头一的方法在场景中添加第三个相机。在场景中添加相机后，选中相机，在详细信息栏可以对相机的参数进行设置。在设置中勾选 Depth Of Field（景深 / 视野深度），如图 6.3.14 所示。

图 6.3.14 相机的参数设置

在 Depth Of Field（景深 / 视野深度）下可对 Focal Distance（焦距）、Focal Region（焦点区域）、Near Transition Region（过渡区附近）、Far Transition Region（目前过渡区）、Scale 数值范围、Near Blur Size（模糊附近大小）、Far Blur Size（远模糊大小）进行激活，之后在 Matinee 创建新相机组，如图 6.3.15 所示。

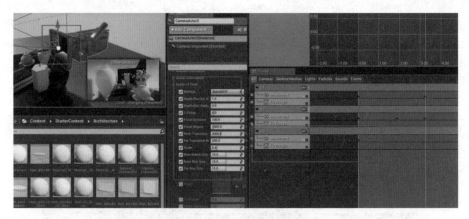

图 6.3.15 添加新相机组

添加好新相机组后，移动时间条按 Enter 键打下结束点的关键帧。景深是在这一个镜头播放时产生的,在组和轨迹列表中的第三个相机组(03)上单击鼠标右键,在下拉菜单中选择 Add new Float Property Track(添加新的浮动属性),如图 6.3.16 所示。

图 6.3.16　选择 Add New Float Property Track

选择 Add New Float Property Track(添加新的浮动属性)后,在弹出菜单中选择 Property Name(属性名),在 Property Name(属性名)下选择 Camera Component Post Process Settings Depth Of Field Scale(相机景深扩展组件景深范围设置),如图 6.3.17 所示。

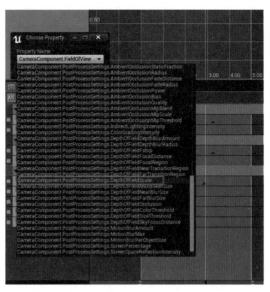

图 6.3.17　Property name(属性名)

参照如图 6.3.17 所示的方式添加 Camera Component Post Process Settings Depth Of Field Focal Distanc(相机景深焦距组件开机自检过程设置)和 Camera Component Post Process Settings Depth Of Field Focal Region(景深镜头组件自检过程设置焦点区域),在时间轴起点位置添加关键帧,如图 6.3.18 所示。

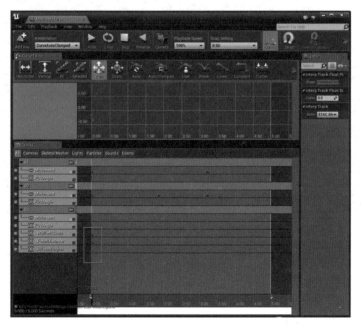

图 6.3.18　添加组件

在时间轴起始点关键帧上单击鼠标右键选择 Set Value（设置值），通过在 Tracks（轨道视图）时间轴上的关键帧数值改变场景中相机景深的变化，如图 6.3.19 所示。

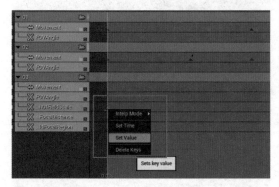

图 6.3.19　Set Value（设置值）

在 Tracks（轨道视图）的时间轴上移动时间条，并对 Camera Component Post Process Settings Depth Of Field Scale（相机景深扩展组件景深范围设置）、Camera Component Post Process Settings Depth Of Field Focal Distanc（相机景深焦距组件开

机自检过程设置）、Camera Component Post Process Settings Depth Of Field Focal Region（景深镜头组件自检过程设置焦点区域）在时间轴上打下关键帧。对打下的关键帧设置合适的 Set Value（设置值），如图 6.3.20 所示。

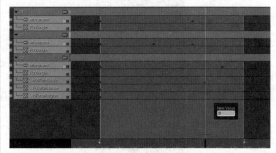

图 6.3.20　Set Value（设置值）设置

● 画面打暗角

在 Matinee 中添加第四个镜头，设置相机运动轨迹由下往上运动，在 Tracks（轨道视图）中的时间轴上设置起始点和结束点，如图 6.3.21 所示。

图 6.3.21　添加镜头

在第四个镜头创建好的基础上修改相机的暗角参数，在详细信息面板中选中 Vignette Intensity（暗角强度），默认的暗角值为 0.4，在镜头语言中有时需要改变暗角的大小来控制画面传递出来的氛围，当 Vignette Intensity（暗角强度）数值为 0 时画面没有暗角，当 Vignette Intensity（暗角强度）数值增大时暗角的区域就逐渐增大，暗角的最大值为 1，如图 6.3.22 所示。

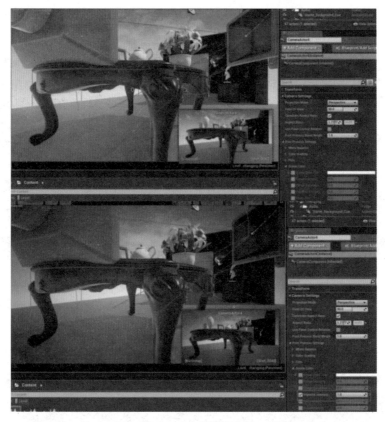

图 6.3.22　暗角数值对比

在 4 个镜头中学习了 4 种镜头语言，接下来就是把镜头串联起来，如图 6.3.23 所示。在镜头的串联中使用相机运动速度来控制每一个镜头画面时间长短，在镜头时间的调整时选中时间轴上的红色三角图案，按住 Ctrl+ 鼠标左键可以移动时间轴上的关键帧，第一个镜头以零为起始点，第二个镜头的开始点接第一个镜头结束点，依次类推地把镜头排序起来，末尾的关键帧也是整个时间轴的结束点。

图 6.3.23　镜头排序

在组和轨迹列表空白处单击鼠标右键选择 Add New Director Group（添加新的导演组），如 图 6.3.24 所示，把所有的镜头组合到一起构成完整的视频。

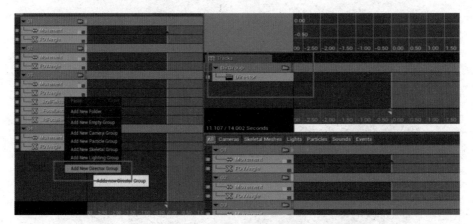

图 6.3.24　添加导演组

创建好导演组后选择 Director（导演），移动时间轴上的时间控制帧到第一个镜头的起始点，单击 Add key（添加关键）选择第一个相机，如图 6.3.25、图 6.3.26 和图 6.3.27 所示。把控制帧移到第二个镜头的起始点，添加第二个镜头，依次把所有的镜头排序到导演组中。

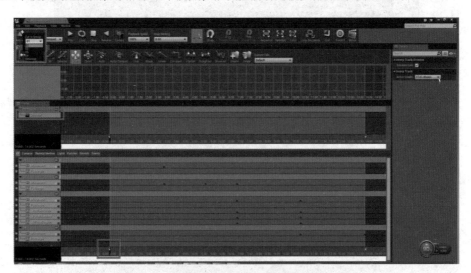

图 6.3.25　选择第一个相机

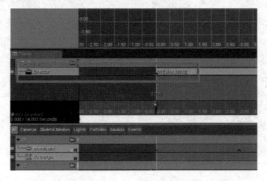

图 6.3.26　添加第二个镜头

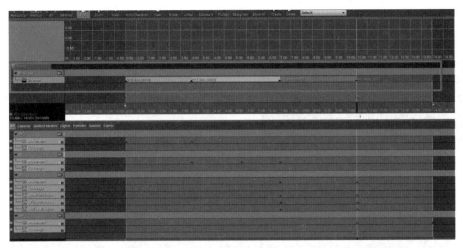

图 6.3.27　所有的镜头排序到导演组

在 Director Group（导演组）单击鼠标右键，选择 Add New Fade Track（添加逐渐消失轨道），Add New Fade Track（添加逐渐消失轨道）可以控制画面的淡入淡出，用于镜头与镜头的连接处的过渡专场，如图 6.3.28 所示。在关键帧移到专场的位置时按 Enter 键打下专场的关键帧，单击鼠标右键，在 Set Value（设置值）下设置 Fade（淡入淡出）浓度值。

在 Director Group（导演组）单击鼠标右键，在下拉菜单中选择 Add New Sound Track（添加新的声音），如图 6.3.29 所示。创建好添加新的声音之后，在 UE4 的内容浏览器中找到需要添加的声音。

图 6.3.28　添加专场

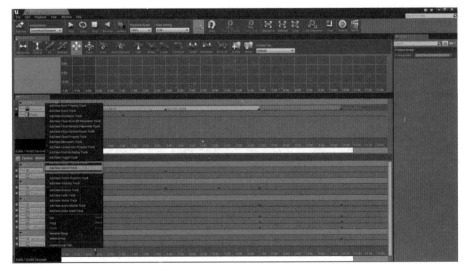

图 6.3.29　Add New Sound Track

如图 6.3.30 所示，在虚幻引擎中添加声音为 WAV 格式。

在选择创建的 Add New Sound Track（添加新的声音）后，在内容浏览器中选中声音（Music）文件，在 Matinee 中单击 Add key（添加关键）添加，如图 6.3.31 所示。添加成功后，最终室内漫游视频制作完成。

6.3.30　选择声音

图 6.3.31　添加声音

2. 视频播放

创建完成的 Matinee 需要播放就要通过关卡蓝图实现，通过按钮打开漫游视频，打开关卡蓝图，如图 6.3.32 所示。

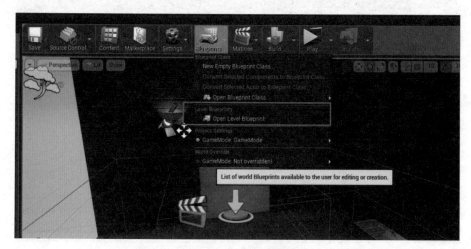

图 6.3.32　打开蓝图

步骤 1 设置"T"键控制视频的打开,单击鼠标右键输入"T"键,如图 6.3.33 所示。

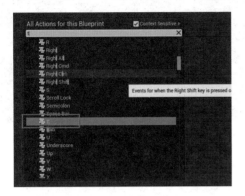

图 6.3.33 设置 T 键

步骤 2 在世界大纲中找到场景中创建完成的 Matinee,把 Matinee 拖曳到蓝图中,如图 6.3.34 所示。

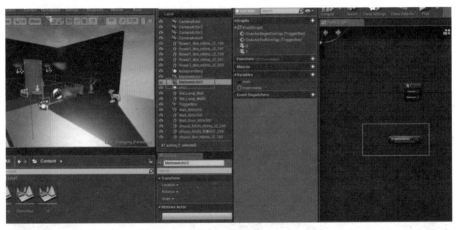

图 6.3.34 把 Matinee 拖曳到蓝图中

步骤 3 用 Matinee 引线创建 Set Position(固定的位置)节点,如图 6.3.35 所示。

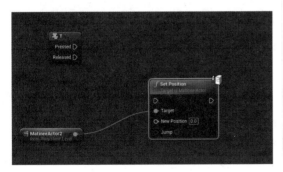

图 6.3.35 创建 Set Position 节点

步骤 4 通过 Matinee 引线创建 Play(播放)节点,如图 6.3.36 所示。把节点串联到一起在项目运行时按字母"T"键即可打开 Matinee 的播放。

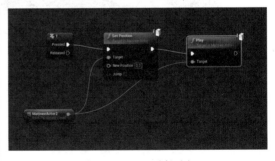

图 6.3.36 Play(播放)

步骤 5 当按下字母"T"键时,Matinee 只会单独播放一次就结束,当其循环播放则需要添加 Matinee 循环播放节点 Set Looping State(设置循环状态),在 Play(播放)时 Matinee 就能循环地播放,如图 6.3.37 所示。

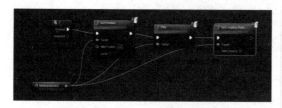

图 6.3.37 Set Looping State (设置循环状态)

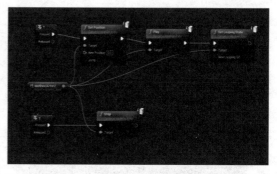

图 6.3.38 Set Looping State (设置循环状态) 停止按钮

步骤 6 在循环播放过程中要停止循环播放，就需要在 Matinee 上连接 Stop (停止) 节点，通过设置按键控制 Matinee 的停止播放，在蓝图中单击鼠标右键设置字母 Y 为视频漫游停止按钮，如图 6.3.38 所示。

步骤 7 把节点连接到一起，单击保存。运行项目文件，如图 6.3.39 所示，就可以做出完整的按键控制式的 Matinee 漫游视频。

图 6.3.39 运行项目文件

6.4 UI 界面制作

在 UI 设计中 UI 的设计方向有很多，但大多应用在网页、IOS 界面设计等。这里的 UI 主要是针对 VR 场景启动进入场景过程中所需要的一个 UI 界面。在打开 VR 时 UI 界面起到人机交互、提示操作逻辑以及界面美观作用。在 UI 设计中要简单、舒适、展现 VR 场景的特点，这需要 UI 的设计者对玩家有一定的了解，对工程、艺术审美、心里情感、玩家角度等方面因素进行思考。

6.4.1 创建 Widget Blueprint (控件蓝图)

在内容浏览器中新建一个文件夹，重命名为"UI"，如图 6.4.1 所示。

图 6.4.1　新建文件夹

在新建的 UI 文件夹中把需要用到的 UI 界面设计素材拷贝到文件夹中，如图 6.4.2 所示。这里 UI 主要用到的是背景图"VRbj"、按钮图"VRks"和按钮声音"5114"（声音需要的格式为 WAV 格式）。

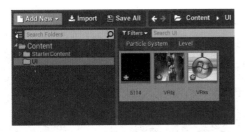

图 6.4.2　拷贝素材

创建 Widget Blueprint（控件蓝图），如图 6.4.3 所示。

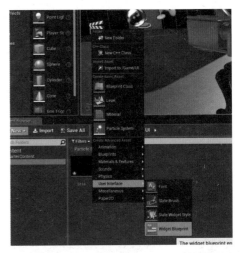

图 6.4.3　创建 Widget Blueprint（控件蓝图）

在内容浏览器中单击鼠标右键，在下拉菜单中选择 User Interface（用户界面）子选项 Widget Blueprint（控件蓝图），对创建的 Widget Blueprint（控件蓝图）进行重命名为"UIjiemian"，如图 6.4.4 所示。

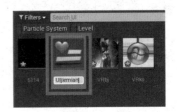

图 6.4.4　控件蓝图重命名

6.4.2　Widget Blueprint（控件蓝图）制作

（一）认识 Widget Blueprint（控件蓝图）

双击打开"UIjiemian"文件，Widget Blueprint（控件蓝图）主要可以分为 8 个板块，Menu Bar（菜单栏）、ToolBar（工具栏）、Palette（调色板）、Hierarchy（层级）、Animations（动画）、Visual Designer（视觉设计器）、Editor Mode（编辑器模式）、Details（详细信息），如图 6.4.5 所示。

1	Menu Bar(菜单栏)	菜单栏
2	ToolBar（工具栏）	其中包含蓝图编辑器的一系列常用功能，比如编译、保存和播放
3	Palette（调色板）	主要是 UI 界面的面板素材放置布局，分为 common（一般的）、panel（面板）、input（输入）、primitive（原始的）4 个类别，在 UI 界面编辑时通过类别创建相应的层次结构

4	Hierarchy（层级）	对整个界面素材的排序，也可以理解为如同 Photoshop 中的图层一般
5	Animations（动画）	对 UI 界面中的一些素材创建动画
6	Visual Designer（视觉设计器）	对 UI 编辑和编辑 UI 界面设计时布局效果显示
7	Editor Mode（编辑器模式）	将 UMG 控件蓝图编辑器在 UI 界面图表和蓝图编辑模式之间相互切换，可以把编辑的 UI 界面转换为蓝图，通过蓝图实现 UI 当中的功能
8	Details（详细信息）	在 UI 显示当前编辑素材的详细信息，同时在详细信息栏中对素材进行设置和修改

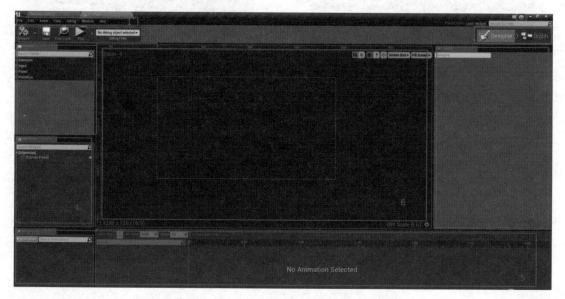

图 6.4.5　Widget Blueprint（控件蓝图）界面

1. Palette（调色板）

在调色板中主要分为 4 个类别，每个类别包含不同的控件类型，如图 6.4.6 所示。可以将控件直接拖放到视觉设计器中进行编辑，在设计器中设计需要的 UI 界面外观，通过控件的详细信息面板设置以及图形选项卡中添加控件的功能。

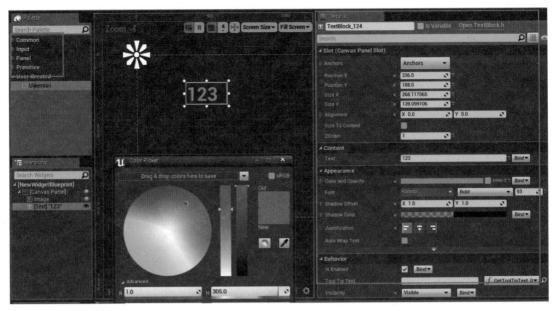

图 6.4.6　调色板类别

Common（一般的）	
名称	描述
Border（边框）	边框是一种容器控件，可以容纳一个子控件，可以为子控件提供环绕的边框图像以及可调整的填充样式
Button（按钮）	按钮是一种单子控件、可单击的基元控件，可实现基本的交互。按钮控件可以编辑到 UI 界面中制作出可单击的按钮
Check Box（复选框）	复选框控件用于显示几种切换状态其中之一，即"未选中""已选中"以及"不确定"
Image（图像）	图像控件用于在 UI 中显示平板刷、纹理或材质
Named Slot（命名槽）	控件用来为用户控件显示可使用任何其他控件来填充的外部槽
Progress Bar（进度条）	进度条控件是一种简单的可填充条图形，可以重新设置样式以便多次重复使用
Slider（滑块）	可显示滑动条和图柄，用于控制值在 0~1 之间变动
Text（文本）	在屏幕上显示 UI 界面文本的基本方式
Text Box（文本框）	自定义的文本，仅允许输入单行文本
Input（输入）	
Combo Box（String）组合框（字符串）	组合框（字符串）用于通过下拉菜单中提供选项列表，在列表菜单中选择按钮
Spin Box（数值输入框）	可以直接输入数字，或通过单击并滑动选择数字

续表

Text Box（multi-line） 文本框（多行）	可以输入多行文本
Panel（面板）	
Canvas Panel（画布面板）	可以将控件放置在任意位置，锚定控件，或与画布上的其他子对象进行叠置排序
Grid Panel（网格面板）	将所有子控件之间平均分割可用空间的面板
Horizontal Box（横框）	用于将子控件水平排布成一行
Overlay（覆盖）	允许控件互相堆叠，并针对每一层的内容使用简单的流布局
Scale Box(数值范围的框）	在UI界面中设置安全数值范围框，在框内添加内容
Scroll Box（滚动框）	一组可任意滚动的控件，该控件不支持虚拟化
Size Box（规范框）	用于以所需的大小放置内容，并对其进行缩放以满足该框所分配到的区域的大小限制
Uniform Grid Panel （均匀的网格面板）	均匀的网格面板是在所有子对象之间平均分割可用空间的面板
Vertical Box（垂直框）	垂直框控件是一种布局面板，用于自动垂直排布子控件，将控件从上到下依次叠放并使控件保持垂直对齐
Widget Switcher （控件切换器）	控件切换器类似于选项卡控件，但没有选项卡，需要自行创建并组合以获得类似于选项卡的效果
Wrap Box（自动框）	自动框控件会将子控件从左到右排列，超出其宽度时会将其余子控件放到下一行
Primitive（原始的）	
Cirular Throbber （循环动态浏览图示）	循环展示图像的动态浏览图示控件
Editable Text （可编辑的文本）	可编辑的文本没有框背景的文本字段，可编辑的文本控件仅支持单行可编辑文本
Editable Text（multi-line） 可编辑的文本（多行）	类似于可编辑文本，但支持多行文本，而不限制为单行文本
Menu Anchor（菜单锚）	菜单锚控件用于指定一个位置，弹出的菜单从这处调出并被锚固定在这个位置

Native Widget Host（本地主机部件）	这是一种容器控件，可容纳一个子平板控件
Spacer（垫片）	隔离控件提供其他控件之间的自定义填充
Throbber（动态浏览图示）	动画式的动态浏览图示控件，在一行中显示几个缩放的圆圈

2. Anchors（锚）

锚用来定义 UI 控件在画布面板上的预期位置，并在不同的屏幕尺寸下维持这一位置。锚在正常情况下以 Min（0，0）和 Max（0，0）表示左上角，以 Min（1，1）和 Max（1，1）表示右下角，如图 6.4.7 所示。

创建画布面板并向其中添加其他 UI 控件后，从一系列预设的锚位置中进行选择，也可以手动设置锚位置和 Min/Max 设置以及应用偏移。

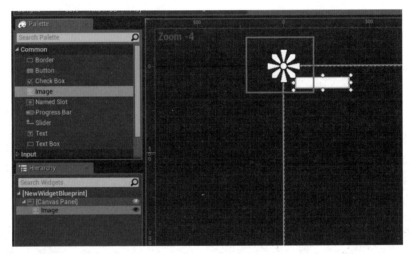

图 6.4.7 锚图案

● 预设锚：在详细信息面板中选择预设 Anchors(锚)，这便于控件设置锚点，银色框表示锚点，选择后，将会使锚图案移动到该位置，如图 6.4.8 所示。

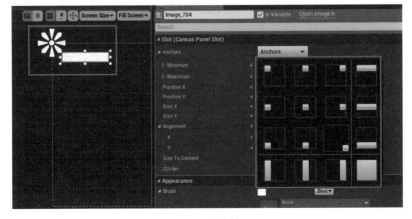

6.4.8 预设锚

● 手动设置锚：除预设锚还可以手动设置锚，在画布白色图像控件，通过拖动描点布置在视觉设计器中，拖动锚点锚就会分开，移动锚点调整控件在画布面板中的尺寸，如图 6.4.9 所示。

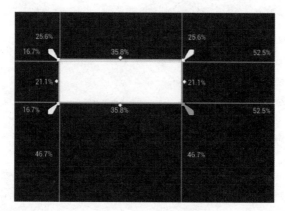

图 6.4.9　手动设置锚

3. Animations（动画）

控件蓝图编辑器的底部是动画窗口，是用来实施和控制 UI 控件的动画，如图 6.4.10 所示。在动画窗口中，添加创建驱动控件动画的基础动画轨。在时间轴的窗口中，可以控制动画时间，使用方法是在指定的时间上设置关键帧，动画控制的是 UI 界面中尺寸、形状、位置甚至颜色选项。

图 6.4.10　动画窗口

若需要在编辑中添加关键帧，可进入详细信息面板对动画进行关键帧的添加，如图 6.4.11 所示。

图 6.4.11　添加关键帧

（二）UI 界面案例制作

步骤 1　在控制面板 Common（一般的）的选项中添加 Image（图像），创建一个 UI 界面入口效果背景，对新建的层次在详细信息中进行重命名修改，如图 6.4.12 所示。

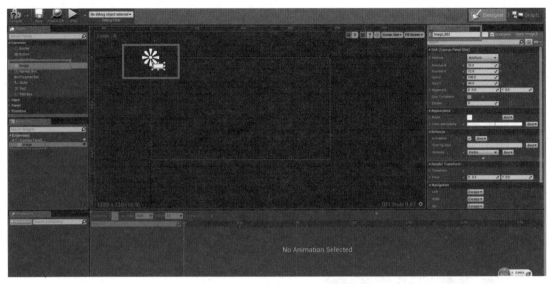

图 6.4.12 创建 Image（图像）层

步骤 2 在详细信息模块的 Brush（画）中添加图像，单击 None 在下拉菜单中找到素材背景图片，将素材添加到 Image（图像）中，如图 6.4.13 所示。

图 6.4.13 添加图像

步骤 3 调整图片在画面中的布局，界面视口中的虚线构成的矩形框就是显示器播放时显示画面大小的面板，如图 6.4.14 所示，把添加的 Image（图像）布局到界面中。

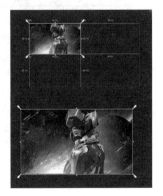

图 6.4.14 布局界面

步骤④ 通过在详细信息栏中修改界面图片的参数，使添加的图像更加准确地布置在界面中，如图 6.4.15 所示。

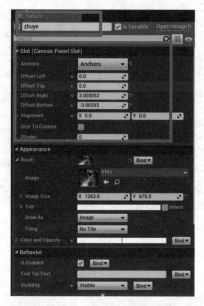

图 6.4.15 调整图片位置大小

步骤⑤ 在背景布置好后，需要制作界面设置和 VR 场景互动的按钮，在 Image（图像）的基础上添加一个子 Button（按钮），单击这个按钮即可进入 VR 场景，如图 6.4.16 所示。

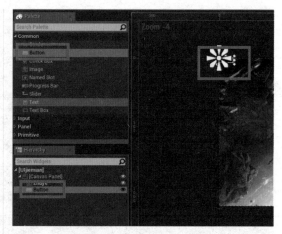

图 6.4.16 添加 Button（按钮）

步骤⑥ 添加 Button（按钮）层后就需要在层中添加内容，把准备好的按钮素材添加到界面中，在详细信息中对 Button（按钮）重命名和设置位置，在 ZOrder（调整层次）中把 Button（按钮）层调到 Image（图像）层的上面。

如果不调整层次，Image（图像）就和 Button（按钮）层在同一层当中，导致选择时出错。在详细信息栏选择 Style（风格）中的 Normal（正常），在 Image（图像）中搜索添加按钮图标素材，在 Draw As（绘制）项中把默认的 Box（盒子）改成 Image（图像），如图 6.4.17 所示。

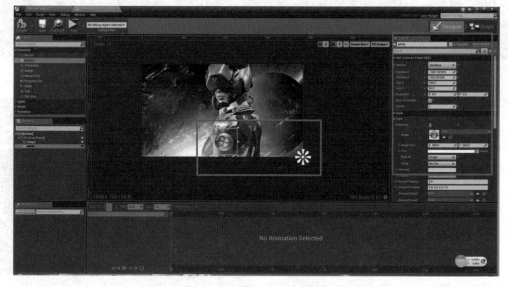

图 6.4.17 调整 Button（按钮）

步骤 7 在进入界面和选择图标时，当鼠标放置在该按钮上面，该按钮颜色就会变成灰色或颜色稍稍变暗，提示鼠标已经在该按钮上面。在详细信息栏中选择Style（风格）中的Hovered（徘徊），用Image（图像）搜索找到按钮素材并添加到Image（图像）中，在Draw As（绘制）项中把默认的Box（盒子）改成Image（图像）。在Tint（色彩）选项中把默认的白色改为灰色，如图6.4.18所示。这个选项设置是为了项目文件在运行时鼠标移动到该按钮上时，该按钮在原有的基础上变灰一些，达到提示鼠标进入该按钮选择区等待选择。

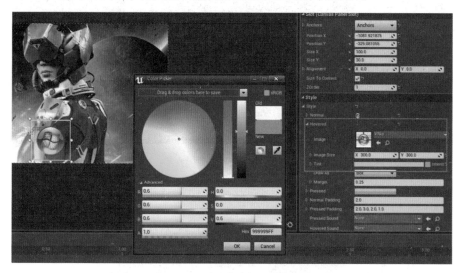

图 6.4.18　设置待选按钮颜色提示

步骤 8 在鼠标对按钮进行确认选择时，图标则会产生一种颜色变化表示确认选择。进入详细信息面板Style（风格）中的Pressed（按下）按钮，在Image（图像）搜索找到按钮素材添加到Image（图像）中，在Draw As（绘制）项中把默认的Box（盒子）改成Image（图像）。在Tint（色彩）选项中把默认的白色改为橙色，用橙色表示确认按钮选择，如图6.4.19所示。

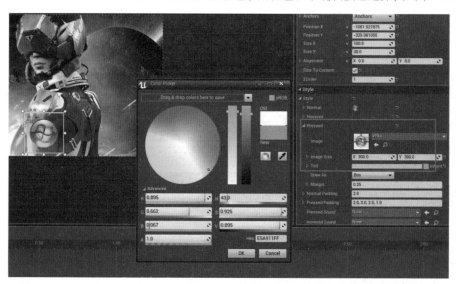

图 6.4.19　设置确认按钮颜色提示

步骤 9 按钮待选择和按钮确认选择颜色设置好后，对按钮添加单击按钮时发出的声音，如图6.4.20

所示。在内容浏览器中选择模拟单击确认发出的声音素材，进入 Widget Blueprint（控件蓝图）详细信息面板 Pressed Sound（按下声音）中对按钮图标添加声音。

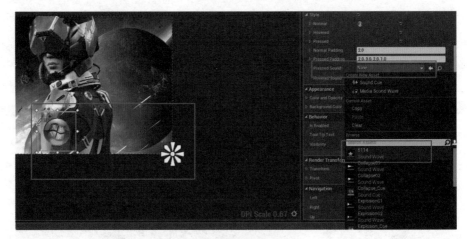

图 6.4.20　添加按钮声音

步骤⑩ 在内容浏览器中为 UI 界面创建一个新的关卡，如图 6.4.21 所示。在内容浏览器中单击鼠标右键，在下拉菜单中选择关卡，对新创建的关卡"UI"进行重命名。

图 6.4.21　创建 UI 关卡

步骤⑪ 双击进入 UI 关卡并打开 Open Level Blueprint（打开关卡蓝图），如图 6.4.22 所示，对关卡的蓝图进行编辑。

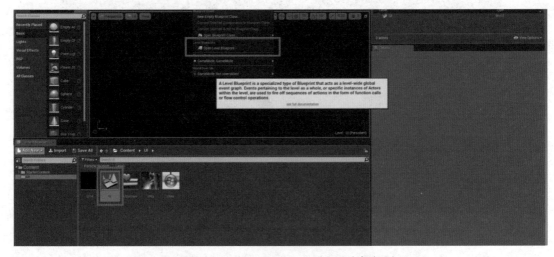

图 6.4.22　Open Level Blueprint（打开关卡蓝图）

步骤 12 选择 Event Begin Play 事件节点连线创建 Create UIjiemian Widget（创建 UI 界面控件）节点，如图 6.4.23 所示。

图 6.4.23　Create UIjiemian Widget

步骤 13 在 节 点 Construct None 中 的 Class（种类）连接点上选择 UIjiemian，在项目播放运行时就能够调用到创建的 Widget Blueprint（控件蓝图），如图 6.4.24 所示。

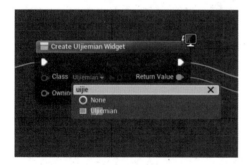

图 6.4.24　调用 UIjiemian

步骤 14 在控件调用 Widget Blueprint（控件蓝图）时要把 Widget Blueprint（控件

蓝图）中的 UI 在显示器窗口中显示出来，创建 Add To Viewport（添加到窗口）节点，如图 6.4.25 所示。

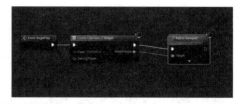

图 6.4.25　Add To Viewport（添加到窗口）节点

步骤 15 单击 Play（播放）按钮运行关卡项目文件，如图 6.4.26 所示。当单击按钮时还无法切换到另一个关卡场景中去，而且单击按钮时按钮图标只会产生颜色的变化。

图 6.4.26　运行关卡项目文件

步骤 16 进入到创建的 Widget Blueprint（控件蓝图）UI 界面中，选择按钮图标元素在动画模块中添加动画，如图 6.4.27 所示。

图 6.4.27　添加动画

步骤 17 创建好动画后在详细信息面板选择 transform（变换）中的 Scale（刻度），Scale（刻度）默认的 *X* 和 *Y* 的值都为 1，如图 6.4.28 所示。在动画的时间轴上把褐色的关键帧移到起点零的位置，然后单击 scale（刻度）中 ■ 图标打下开始点关键帧，再将褐色的关键帧移到时间轴为 0.1 的位置，单击 scale（刻度）中 ■ 图标打下结束点关键帧。

图 6.4.28　打开始点和结束点关键帧

步骤 18 再将褐色的关键帧移到开始点和结束点的中央 0.05 的位置，如图 6.4.29 所示。在 Scale（刻度）中改变 *X* 和 *Y* 的值为 0.8，单击 ■ 图标打下关键帧。当 *X* 和 *Y* 的值减小，按钮图标就会缩小，从而播放动画，按钮就会产生一个缩小还原的动作。

图 6.4.29　缩小按钮图标打关键帧

步骤 19 单击详细信息中 Events（事件）中的 On Clicked（在咔哒声），如图 6.4.30 所示。默认进入蓝图，蓝图中会默认创建 On Clicked 事件。可以在切换模式中进行 UI 界面和蓝图之间的切换。

图 6.4.30　创建 On Clicked 事件

步骤⑳ 创建 On Clicked 的事件中是为了播放按钮动画，在事件 On Clicked 节点添加 Play Animation（播放动画）节点，如图 6.4.31 所示。

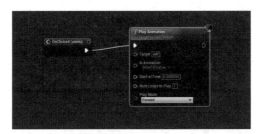

图 6.4.31　创建 Play Animation（播放动画）节点

步骤㉑ 在 Variables（变量）中的 Animations（动画）里提取创建动画按钮的变量。通过从 Play Animation（播放动画）节点的 In Animation 引脚处创建 UI Anniu 变量，如图 6.4.32 所示

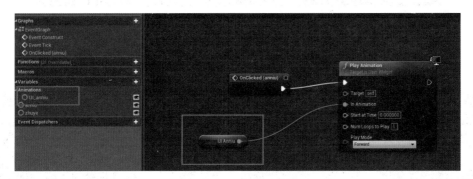

图 6.4.32　获得按钮动画变量

步骤㉒ 场景中的项目内容在运行 UI 关卡中需要显示出来，则要对场景进行开放，创建开放节点，如图 6.4.33 所示，把 Open Level（开放标准）节点中的 Level Name（标准名称）处填写场景关卡名称。

图 6.4.33 创建 Open Level（开放标准）节点

步骤 23 在 Play Animation（播放动画）节点和 Open Level（开放标准）添加 Delay（延迟时间）节点，如图 6.4.34 所示。延迟是从指令发出时到接收时所产生的时间，添加 Delay（延迟时间）节点使关卡之间的切换比较顺畅和自然，如果没有 Delay（延迟时间）节点就会出现卡顿不流畅的现象。

图 6.4.34 添加 Delay（延迟时间）

步骤 24 保存项目文件，在蓝图事件中添加节点控制鼠标的光标使其显示出来。切换到 UI 关卡中，打开 UI 关卡中的关卡蓝图，添加 Set Show Mouse Cursor（设置显示鼠标光标），如图 6.4.35 所示。同时也要在蓝图中添加 Get Player Controller（获得播放器控制器）节点，使其连接到 Set Show Mouse Cursor（设置显示鼠标光标）上的 Owning Player（拥有播放器）连接点上，对 Owning Player（拥有播放器）激活之后，鼠标光标的显示才会被调用。

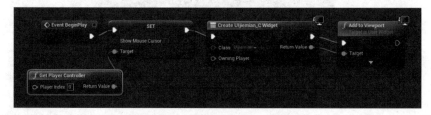

图 6.4.35 添加鼠标光标显示节点

步骤 25 保存所有项目文件，单击 Play（播放）按钮，如图 6.4.36 所示。可以直接看见设计的 UI 界面，单击 UI 界面按钮就可以切换到场景中。

图 6.4.36 运行 UI 界面设置

提示：该案例是在运行时从 UI 界面所在关卡切换进入到另外一个关卡场景中的。UI 界面
单击进入时是关卡与关卡之间的跳转。用于文件中有多个关卡时。

在 VR 场景的制作中，会把制作的场景和 UI 界面创建在同一个关卡中，从 UI 界面直接进入场
景。在制作好的 UI 蓝图中编写蓝图。

步骤 1 进入制作好的 UI 界面蓝图，在蓝图中搜索 Remove From Parent（移除来自根源）节点，
如图 6.4.37 所示。

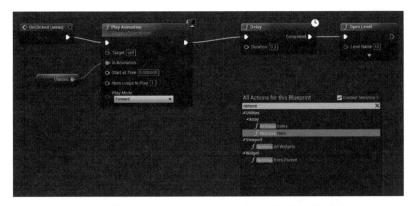

图 6.4.37 搜索 Remove From Parent（移除来自根源）节点

步骤 2 创建 Remove From Parent（移除来自根源）节点，如图 6.4.38 所示。

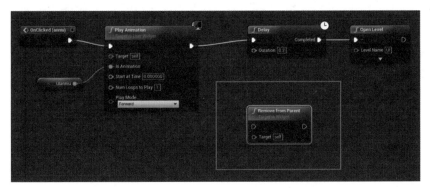

图 6.4.38 创建 Remove From Parent（移除来自根源）节点

步骤 3 把创建好的节点引线连接到展示 UI 事件功能节点后，实现从 UI 界面进入场景把 UI 界面抹
除掉，如图 6.4.39 所示。

图 6.4.39 抹除 UI 界面

6.5 本章小结

本章内容学习蓝图相关知识，理解蓝图的工作原理，希望学员对蓝图能够进行基本的操作使用。可以在室内场景中制作开关灯、开关门、开关水等功能制作并掌握 UI 设计器的基本原理。学习对控件蓝图和 UI 界面的转换，设计出完整的 UI 控制界面，让整个场景制作得更加完善。

第 7 章

VR 场景输出

本章学习重点

※ 了解封包前的基础设置。

※ 了解 PC 封包。

※ 了解 VR HTC 版封包。

※ 解决封包错误可能出现的问题。

7.1 输出设置 PC 版

概念： 在将虚幻引擎项目发布给用户之前，必须正确地打包项目。确保所有的代码及内容都是最新的，并且具有可以在目标平台上运行的正确格式。

在打包过程中，要执行许多步骤。如果一个项目有自定义的源码，那么要先编译该源码。把所需内容转换成目标平台可以使用的格式（所谓的内容烘焙）。之后，这些编译好的代码及烘焙好的内容将会被打包到一个可发布的文件集合中，比如一个针对 Windows 的安装包。

在 File 主菜单下，有一个 Package Project（打包项目）选项，它有子菜单，显示可以为其准备项目文件包的所有平台。打包的目的不仅是为了测试整个游戏不是一张单独的地图，也是为了准备游戏以进行提交或发布。

在打包之前，还可以设置一些 Advanced（高级）选项。

一旦选择平台，如果游戏中包含代码则先编译游戏，烘焙所有游戏数据，然后打包内容。您的项目包含 Starter Content（初学者内容）或制作很多测试 / 临时内容及地图，那么将是一个很慢的过程。

1. 创建包

要想针对一个特定平台打包一个项目，那么请在编辑器的主菜单中单击 File（文件）→ Package Project（打包项目）→ Windows，如图 7.1.1 所示。

图 7.1.1 打包项目

1. Packaging Setings（编译设置）

● Windows： 由于打包的是 PC 版的，在选择打包的菜单栏中选中 Windows。打开 Windows 有两个选项，分别为 Windows（32-bit）和 Windows（64-bit），如图 7.1.2 所示。根据计算机配置进行选择，由于 Windows（32-bit）配置的系统在 Windows（64-bit）的计算机也可以运行，所以选择 Windows（32-bit）进行打包。

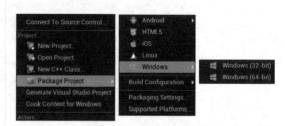

图 7.1.2 计算机打包

● Build Configuration: 打开此设置，将出现 Development（开发）和 Shiping（发行）两个选项。Development（开发）具有较好的性能，它只需要少量的调试。如果使用 Shiping（发行），打包出来的将是最终的版本，其他用户无法对打包出的文件进行破译，甚至进行二次开发，如图 7.1.3 所示。

2. Supported Platforms（打包设置）

单击此设置弹出对话框，选中 Maps&Modes（地图 & 模式）→ Default Maps 选择主要关卡，如图 7.1.4 所示。

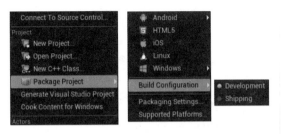

图 7.1.3 Buid Configuration

图 7.1.4 打包设置

设置完打包后，将会看到一个可供选择目标目录的对话框。如果打包成功，那么这个目录稍后将包含打包后的项目。

由于打包过程非常耗时，所以这个过程是在后台执行的。在编辑器右下角将显示状态指示器来显示打包进度，如图 7.1.5 所示。

图 7.1.5 进度条

状态指示器提供一种取消当前激活的打包过程方法，只需单击 Cancel（取消）按钮即可。通过单击 Show Log（显示日志）链接，可以显示扩展的输出日志信息。如果打包过程没有成功完成，输出日志对于查找问题根源是有帮助的，如图 7.1.6 所示。

图 7.1.6 状态指示器

对于经验不足的用户，最重要的日志信息（比如错误和警告）会记录到正常的 Message Log（消息日志）窗口中，如 7.1.7 所示。

图 7.1.7 日志信息

2. 运行打包的游戏

当打包时，若选择一个输出目录，在打包过程成功完成后，打包的游戏将会在针对特定平台的子目录中。比如，如果选择 TappyChicken/Final 目录，那么 iOS 版本应该在 TappyChicken/Final/IOS 目录中，

Android 版本将会在 TappyChicken/Final/Android 目录中。当进入到那个子目录时，可以看到打包好的游戏，其格式适合该平台。

对于 Android 平台来说，可以看到 Apk、Obb 和 Bat 文件（运行 Bat 文件以在设备上安装该游戏）。对于 IOS 平台来说，将看到一个 .ipa 文件。这可以通过 ITunes 或 Xcode 进行安装。根据目标平台的不同，所创建的文件的数量和类型也有所不同。图 7.1.8 显示了一个 Windows 项目的示例输出。

Name	Date modified	Type	Size
Engine	11/6/2013 5:53 PM	File folder	
MyProject2	11/6/2013 5:53 PM	File folder	
Manifest_NonUFSStagingFiles.txt	11/6/2013 5:53 PM	Text Document	2 KB

图 7.1.8 运行打包游戏

7.2 输出设置 HTC 版

在输出 HTC 版前要认识什么是 HTC 版，HTC 版主要是针对 HTC vive 的。在虚拟现实中提到 VR 很多人都认识暴风魔镜，但是远远达不到 VR 的标准，VR 眼镜很多都是在计算机或其他设备的外部硬件设备。VR 设备有很多，比如 Gear VR、HTC vive、LG VR、大朋 M2、Photoshop VR 等。而在本书中 UE4 封包输出的主要用在 HTC vive 上，HTC vive 是由 HTC 与 Vteam 联合开发的一款虚拟现实头盔，通过连接 PC 端体验 VR 比较成熟的 VR 设备。

虚幻引擎做好的项目文件在封包后是能够在 VR 设备中运行的，在打包匹配 HTC vive 的头盔时，计算机直接封包需要 4.12 版本以上的 UE4，而 4.12 版本以下的 UE4 在封包匹配 HTC vive 头盔时要有 C++ 编写的插件，在安装插件后再进行封包。封包的运行文件转换为 VR 头盔模式时，在 4.12 版本以上的 UE4 版本都需要在蓝图设置一个按键把运行文件切入到 VR 头盔模式中。

输出设置 HTC 版流程

步骤 1 打开项目文件后单击 Blueprints（蓝图）→ Open Level Blueprint（打开关卡蓝图），在关卡蓝图中编辑设置 VR 头盔切换按钮，如图 7.2.1 所示。为了防止 VR 头盔按键切换失败，在设置 VR 头盔切换按键过程中把按键设置在主关卡当中。

图 7.2.1 打开关卡蓝图

步骤 2 在关卡蓝图中创建按键 "B" 事件节点，如图 7.2.2 所示，设置事件节点。

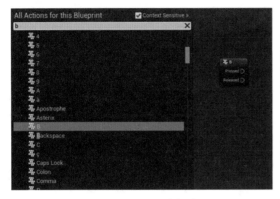

图 7.2.2 设置 B 为按键

步骤 3 按键的设置是针对头盔的显示，所以需要接入头盔对其事件进行触发，在蓝图搜索中添加 Flip Flop（触发器），创建 Flip Flop（触发器）节点，如图 7.2.3 所示。

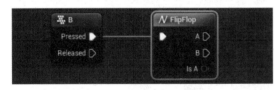

图 7.2.3 添加 Flip Flop（触发器）节点

提示：在此用 Trigger（触发器）而不是使用 Flip Flop（触发器）。

为什么用 Trigger（触发器）？它的执行不由程序调用，也不是手工启动，而由事件来触发。Flip Flop（触发器）能够存储一位二进制数字信号，Flip Flop（触发器）主要的特点是具有"记忆"功能。

步骤 4 添加完 Flip Flop（触发器）节点就需要头盔有显示，用按键触发头盔的显示，添加节点 Enable HMD（启用头盔显示器 HMD）节点，如图 7.2.4 所示。

图 7.2.4 添加 Enable HMD（启用头盔显示器 HMD）节点

提示：HMD 是 Head Mount Display（头戴式显示器）的缩写，是头戴虚拟显示器的一种，可以实现虚拟现实（VR）、增强现实（AR）、混合现实（MR）等不同效果。

步骤 5 激活 Enable HMD（启用头盔显示器 HMD）节点上的 Enable（启用），如图 7.2.5 所示。

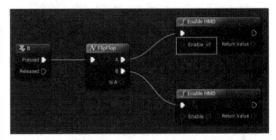

图 7.2.5 设置启用头盔节点

提示：在 Flip Flop（触发器）节点上有 A 和 B 连接点，通过按键控制 A 和 B 上的启用和不启用头盔显示器，可以对运行的 VR 头盔进行切换。

在封包 VR 运行文件前请先进行项目设置。

检查项目文件参考：如图 7.2.6 所示，单击 Edit（编辑）下拉菜单中的 Project Settings（项目设置）→ Maps&Modes（地图 & 模式）→ Default Maps（默认的模式），在 Default Maps（默认的模式）中有 Game Default Map（游戏默认地图）和 Editor Startup Map（地图编辑器启动）按钮，在 Game Default Map（游戏默认地图）和 Editor Startup Map（地图编辑器启动）的地图列表中选择所需要的关卡地图名，如图 7.2.7 所示。如果选择的关卡地图名错了将导致封包不成功或运行文件缺少和错误。

图 7.2.6 Edit（编辑）下拉菜单

图 7.2.7 项目设置

打开 File（文件），选择下拉菜单 Package Project（打包项目）→ Build Configuration（编译配置）→ Shipping（发行），如图 7.2.8 所示。

图 7.2.8 Shipping（发行）

打包 Development（开发）类型的文件是可以对打包成功后的文件进行再编辑的，运行打包好后的文件，按键盘"~"符号（"Tilde"）俗称"波浪号"，如图 7.2.9 所示。

图 7.2.9 "波浪号"

对运行的文件输入指令，可以对封包好的运行文件进行编辑，如图 7.2.10 所示。打包 Shipping（发行）类型的文件会减少缓存，在构建或制作中一些不必要的内容会自动清除，更有针对性。

图 7.2.10 输入需要的指令

设置好 Shipping（发行）再打开 File（文件）下拉菜单，选择 Package Project（打包项目）→ Windows → Windows（32-bit）或 Windows（64-bit），如图 7.2.11 所示。在打包 Windows 32 位或 Windows 64 位的选择时可根据计算机的需求进行封包，正常情况下以 Windows 32 位进行封包，以 Windows 32 位封包出来的封包文件可以在 Windows 64 位系统的计算机上运行，而 Windows 64 位封包出来的封包文件无法在 Windows 32 位系统的计算机上运行，因为之间不兼容。

图 7.2.11 封包 Windows32 或 Windows64 位系统选择

在文件封包的过程中往往会出现一个意想不到的结果，那就是打包失败。导致封包失败的原因有很多，只要有一个小问题就有可能导致打包失败。比如场景文件的命名、单个关卡过大、关卡里没有内容、功能冲突等。但是打包失败要如何解决？在封包的时候会有封包日志，里面记录着封包失败的原因。

7.3　本章小结

本章主要学习打包项目的两种方式 PC 版和 HTC 版，场景制作完成后需要对制作的项目进行最终打包。打包是对项目完整性进行最终检测，检测打包后的文件能否正常运行。打包完成后的文件合格后就算完成整个场景的制作。

第 8 章

案例——现代简约风
VR 场景制作

8.1 案例场景预处理

经过前几章的学习，相信各学员已了解并掌握了 VR 场景流程各项制作。VR 场景前期模型处理，因家装设计风格及户型的不同，处理制作的难易也各不相同。本章以一套户型为四室两厅、一厨两卫现代简约风格的场景模型作为案例。针对这套模型运用前期所学知识，对模型、材质、灯光、蓝图各项处理，制作 VR 场景。

8.1.1 案例 3ds Max 场景处理、优化

为了保持处理模型时的流畅性，已将场景拆分成多个空间，客餐厅、卧室、衣帽间，如图 8.1.1 所示。模型处理部分以客餐厅为例，如图 8.1.2 所示，左图为 UE4 最终效果，右图为 3ds Max 原始模型。

图 8.1.1 场景模型空间拆分

 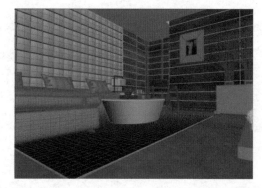

图 8.1.2 案例图

● 打开 3ds Max 场景，首先要对场景进行初步整理（具体步骤参考第 2 章 2.1.2 节、2.1.3 节）。

● 场景单位设置和尺寸测量。

● 清理场景不需要的元素。

● 整理场景贴图路径。

- 软硬装图层分组。

- 模型全部解组。

- 模型全部转化为可编辑网格。

- 模型的单面优化，如图 8.1.3 所示。

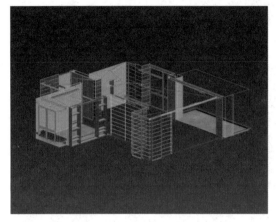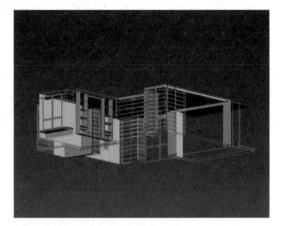

图 8.1.3 硬装单面优化

删减面

考虑到玩 VR 场景时的体验感，需要运行场景时的漫游帧数最低是 60 帧。为了避免产生眩晕感，删减场景模型面数很重要。

（1）沙发椅

大型并且布线规则的模型适合用手动减面，如图 8.1.4 所示。

步骤 1 将模型在场景中看不到的面删去；

步骤 2 运用石墨工具，通过删线的方式减面。

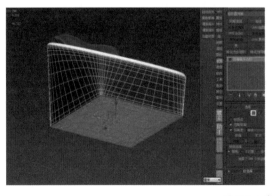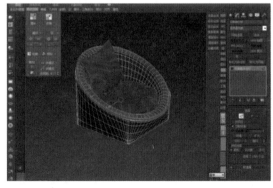

图 8.1.4 沙发椅删减面

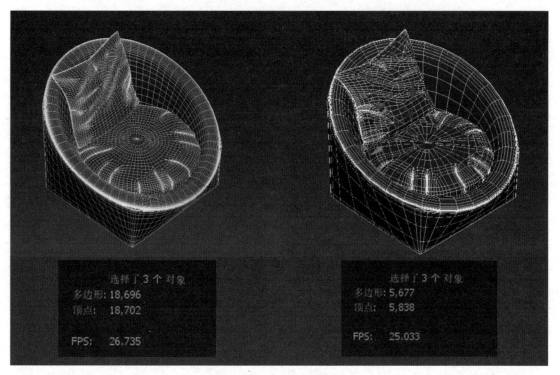

图 8.1.5 沙发椅删减面前后对比

（2）植物

小型摆设模型，可将相同材质的物体合并，减少物体个数，随后可用自动减面工具，如图 8.1.6
所示。

步骤①	在"材质编辑器"中，用"从对象拾取材质"工具拾取所需合并材质的模型，拾取花的模型；

步骤②	单击"按材质选择"按钮；

步骤③	在弹出的"选择对象"面板中，直接单击"选择"按钮；

步骤④	孤立显示同材质的模型，然后将其中一个模型单击鼠标右键，在弹出菜单中选择"转化为可
	编辑多边形"命令，再单击"附加列表"命令；

步骤⑤	单击"附加列表"里的"选择"菜单，再选中"全部选择"选项；

步骤⑥	单击"附加"按钮，同材质物体就附加完成了；

步骤⑦	用 3ds Max 自带的 MultiRes（复合优化）修改器减面，勾选"材质边界线"以及"保留基
	础顶点"复选框；

步骤⑧	单击"生成"按钮，等待计算出物体的基本信息；

步骤⑨	降低"顶点百分比"的值，注意适度降值，避免造成模型破面、变形。

图 8.1.6 植物删减面

图 8.1.7 植物删减面前后对比

8.1.2 场景原 UV 贴图错误的检查

检查原场景的 UV 贴图坐标是否合理，也就是通道 1 上的 UV。

抱枕（如图 8.1.8 所示）

步骤 1 给抱枕添加"UVW 贴图"修改器；

步骤 2 根据模型选择贴图类型，这里选择"长方体"；

步骤 3 调整长度、宽度、高度值，这里都给 100mm。

调整过后的抱枕纹理比之前更细腻，如图 8.1.9 所示。

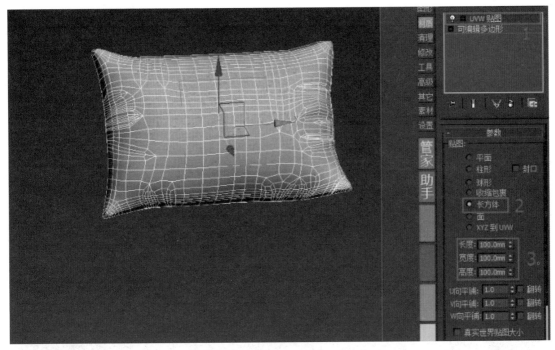

图 8.1.8 抱枕原 UV 调整

图 8.1.9 抱枕原 UV 调整前后对比

8.1.3 展光照 UV

为了节省 UE4 资源消耗，大多数的光源采用静态光源，它们的光照信息需要烘焙出贴图。展 UV 的情况直接决定了光照效果的差异。

1. 小物件

为了提高效率，将场景中的小物件、摆设等模型整理优化完后就可以将它们进行分批自动展，如图 8.1.10 所示。

选择需要自动展 UV 的模型，按快捷键数字 0，弹出"渲染到纹理面板"，在"贴图坐标"栏下"对象"里勾选"使用自动展开"单选按钮，"通道"改为 2。

步骤 2 单击"仅展开"即可。

图 8.1.10 小物件展 UV

2. 墙面

墙面、地面、天花板是大面积物体，需要半自动展，最理想的状态是将每面墙都分离开，使光照信息更加完善，如图 8.1.11 所示。

步骤 1 将墙面都分离后，选中一面墙，选择"UVW 展开"修改器；

步骤 2 将"贴图通道"改为"2"通道；

步骤 3 在"多边形"级别下选择"展平贴图"，并将 UV 放至最大，充分利用贴图空间的分辨率；

步骤 4 在"工具"里选择"渲染 UV 模板"；

步骤 5 将模式改为"实体"；

步骤 6 单击"渲染 UV 模板"按钮，检查 UV 是否有重叠。

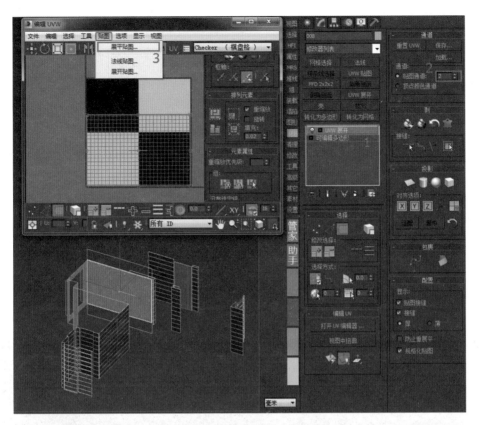

图 8.1.11 墙面展 UV

3. 沙发

沙发、抱枕、被子等这些大型软包家具需要手动展，如图 8.1.12 所示。

步骤 ① 选中一个沙发物体，将删减面优化过后的沙发给上"UVW 展开"修改器，并将"贴图通道"改为"2"通道；

步骤 ② 单击"打开 UV 编辑器"，选择"多边形"级别，单击"快速平面贴图"；

步骤 ③ 在"边"级别下，运用"修改选择"中的"循环：XY 边"或是"选择方式"里的"点对点边选择"。选择要切开部分的 UV 线，然后用鼠标右键单击"断开"（因为这个模型已将底删去，可以用毛皮直接摊开，所以这一步在这里可省）；

步骤 ④ 单击"毛皮贴图"；

步骤 ⑤ 在弹出的"毛皮贴图"中单击"开始毛皮"，可配合"毛皮选项"中的"选择拉伸器"将拉伸器放大；

步骤 ⑥ 毛皮至 UV 没有重叠，单击"提交"即可；

步骤 ⑦ 选中 UV，单击"紧缩：自定义"，将 UV 放置规范化。最后渲染 UV 模板，检查 UV 是否有重叠。

图 8.1.12 沙发展 UV

图 8.1.13 沙发展 UV（续 1）

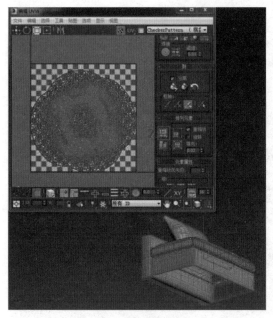

图 8.1.14 沙发展 UV（续 2）

图 8.1.15 地面贴图

8.1.4 案例贴图制作

　　贴图的处理需注意格式、尺寸、无缝贴图。可使用一些软件提高贴图处理的效率。PixPlant 是一款制作材质的软件，可根据原图创建高品质的无缝纹理图片，并且将贴图处理成 2 的 N 次方贴图。

地面贴图处理

　　这张地面贴图不是 2 的 N 次方贴图，在引擎中会出现摩尔纹，需将它进行修整，如图 8.1.15 图 8.1.16 所示。

步骤 1　单击"文件"下的"新建纹理"，然后输入纹理尺寸；

步骤 2　单击"添加"下的"从文件添加种子"，找到地面纹理贴图；

步骤 3　单击"生成"按钮；

步骤 4　单击"文件"下的"保存纹理"，以原贴图命名，替换原贴图即可。

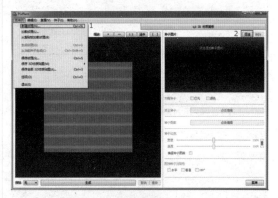

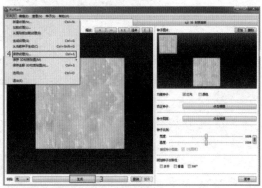

图 8.1.16 地面贴图处理

8.1.5 挡光板制作

3 个空间都整理优化完后，需将 3 个空间整合在一起，建立挡光板。挡光板的建立是为了防止在 UE4 场景中出现漏光现象，影响场景整理效果，如图 8.1.17 所示。

步骤 1 切换到顶视图，使用线沿着模型外部画上一圈，线需要离模型最外侧大约 100mm 的距离，在窗边缘留点。注意线在有窗的那面墙上需要穿过墙体；

步骤 2 将线挤出比整个空间模型高大致 200mm 的高度，模型不得与挡光板重面；

步骤 3 将场景所有窗口的位置挖出，线条需紧贴窗洞；

步骤 4 对制作出来的模型添加壳命令，并将外部厚度设为 20mm。

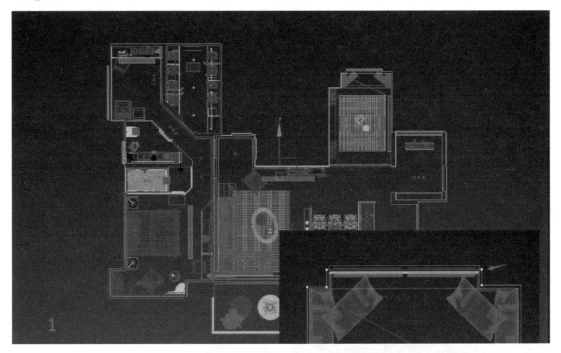

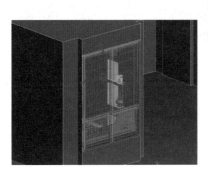

图 8.1.17 挡光板处理

8.1.6 案例 3ds Max 场景导入 UE4

（一）材质转换，模型、贴图重命名

在导出 3ds Max 之前，需将模型、材质、贴图做最后的整理，因为 3ds Max 和 UE4 无法很好衔接，所以需将 3ds Max 的场景处理成 UE4 可识别的。可运用 3ds Max 相关插件，场景工匠、阿酷三合一等快速整理。

将场景中所有材质转换为 3ds Max 的 Standard 默认材质，将多维子材质分离；

模型、贴图重命名，命名使用英文、数字，尽量不要出现中文名。

（二）3ds Max 场景导入 UE4

1.3ds Max 模型导出设置

步骤①　全选场景中的模型，单击"层次"下的"仅影响轴"及"居中到对象"选项；

步骤②　选中需要导出的模型，单击"导出"→"导出选定对象"。随后进行对 FBX 的导出设置（具体步骤参考第 2 章 2.5.1 3ds Max 模型的导出）。

2.新建项目

步骤①　新建一个空白的项目，为了避免资源浪费，这里选择"没有初学者内容"。指定路径，并命名，如图 8.1.18 所示；

步骤②　可新建一个关卡。

图 8.1.18 新建项目设置

3.FBX 导入 UE4

步骤①　模型导出 3ds Max 后就需要将 FBX 文件导入到 UE4 中（具体步骤参考第 2 章 2.5.2 FBX 文件导入 UE4）。

步骤②　FBX 导入设置。

步骤③　模型拖到场景中，将世界坐标归零。

（三）内容整理

1.导入素材归类

为了提高效率方便后期查找，可新建文件夹将素材进行归类，如图 8.1.19 所示。

步骤①　在"内容浏览器"里"内容"中新建 4 个文件夹，分别是 Maps、Models、Materials、Textures；

步骤②　将导入的素材归类移动到各文件夹中。

图 8.1.19 素材归类

8.2 案例场景材质调节

调材质是 VR 场景制作的一个必不可少的环节，好的材质可以让场景的真实度事半功倍。

首先在场景中加入天空光源及定向光源。大部分的材质可以先调好，待打完灯光，第一次构建后可根据场景将某些材质进一步调整。

8.2.1 案例模型材质调节

1. 墙面

这个场景的主体墙面用的是木纹的材质，木纹是基础的材质调节，需要高光、粗糙度、法线。

这里运用了一个函数材质表达式 NormalFromHeightmap 来制作法线贴图的效果。也可直接用 PixPlant 或 Photoshop 的 Normal Map 插件来制作法线贴图，如图 8.2.1 所示。

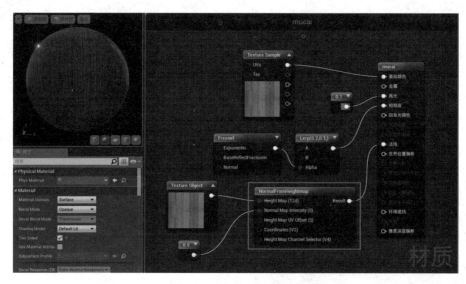

图 8.2.1 木纹墙面材质调节

图 8.2.2 木纹墙面材质效果

2. 皮革沙发

皮革沙发材质的制作，这里用 PixPlant 通过一张皮革纹理贴图制作出高光贴图及法线贴图。

步骤 1 加载皮革的纹理贴图，单击"3D 材质面板"，调整法线、高光、漫射的值，随后单击"保存"
下的"保存全部 3D 材质贴图"，如图 8.2.3 所示；

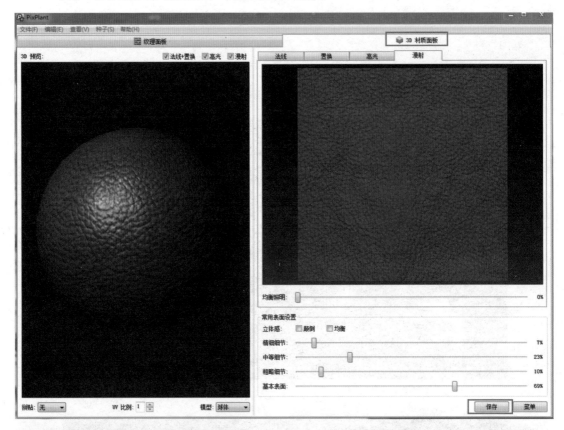

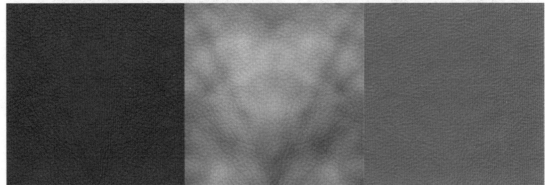

图 8.2.3 皮革贴图制作

步骤 2 将漫反射贴图、高光贴图、法线贴图拖入 UE4；

步骤 3 将漫反射贴图连接到"颜色"上；高光贴图经过简单调整连接到"高光"及"粗糙度"上，
增加高光及粗糙度的细节；将法线贴图连接到"法线"，添加一张三维向量，调成黄色，增
强凹凸质感，如图 8.2.4 所示。

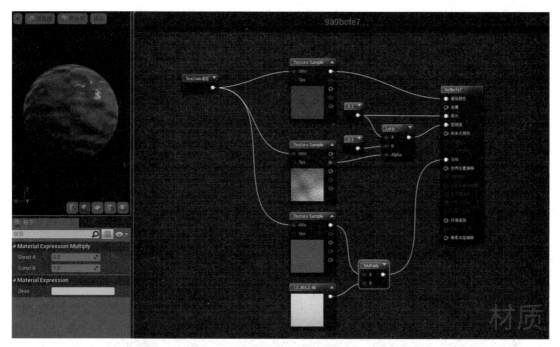

图 8.2.4 皮革材质调节

图 8.2.5 皮革沙发材质效果

3. 水

水的材质需要有流动性，可以用材质表面的凹凸来模拟，也就是法线贴图。用材质实例来制作水，方便调节，如图 8.2.6 所示。

步骤 1　找一张云彩的法线贴图，可以用 Photoshop 制作；

步骤 2　创建一个材质球，并将云彩的法线贴图拖入；

步骤 3　流动性，则通过 Panner（移动节点），设置移动量参数；

步骤 4　将水流动性复制四份，调整 4 个 Panner 的值，目的是向 4 个不同方向流动。使用 BlendAngleCorrectedNormals 节点将这些法线叠加在一起；

步骤 5　用 Time 节点，控制水流速度。这个节点用来向材质添加经历的时间，随着时间的变化而变化；

步骤 6　加一个控制法线强度的节点并转化为参数；

步骤 7　将 Blend Mode 改 为 Translucent，Translucenc 中的 Lighting Mode 改成 Surface Translucency Volume；

步骤 8　将基础颜色、金属、高光、粗糙度、不透明度都给上值，并都转化为参数。在折射上给上 Fresnel（菲涅尔）节点；

步骤 9　选中水材质，创建材质实例，调节值。

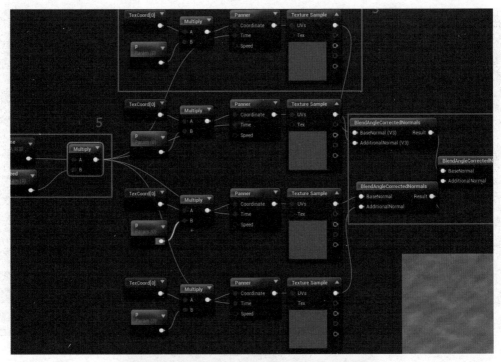

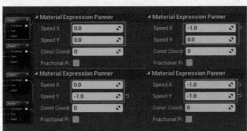

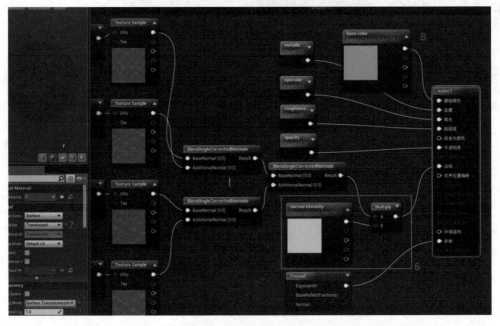

图 8.2.6 水材质调节

图 8.2.7 水材质效果

8.2.2 添加盒体反射捕获、球体反射捕获

在调节完一些材质后，发现场景缺少一些反射效果。这时需要在场景中添加"盒体反射捕获"，包裹住整个场景，在某些需要反射材质的模型旁添加"球体反射捕获"，如图 8.2.8 所示。

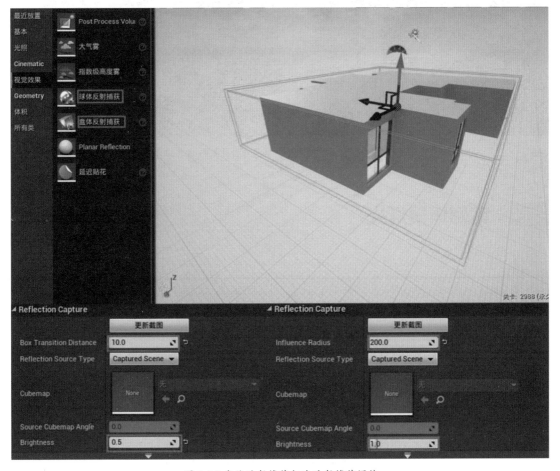

图 8.2.8 盒体反射捕获与球反射捕获调值

场景中加入"盒体反射捕获"后，模型略带有反射效果。在需要反射材质的模型前加入"球体反射捕获"后，反射效果变得更为真实，如图 8.2.9 所示。

图 8.2.9 没有反射捕获及加入盒体反射捕获与加入球体反射捕获前后对比

"球体反射捕获"比"盒体反射捕获"用起来更为灵活。但像镜子这种大面积需反射效果的材质模型可使用"盒体反射捕获"，效果会更佳。"球体反射捕获"会造成一定的反射形变，如图 8.2.10 所示。

图 8.2.10 镜子使用球体反射捕获与盒体反射捕获对比

8.3 案例场景灯光

8.3.1 全局光体积及后处理体积添加

在打灯之前，可先在场景外添加两个体积，如图 8.3.1 所示。

步骤 ① 在"放置模式"中找到 Lightmass Importance Volume（全局光体积），拖入并包裹场景，目的是为了提高构建效率，缩短构建时间；

步骤 ② 在"放置模式"中找到 Post Process Volume（后处理体积），拖入并包裹 Lightmass Importance Volume（全局光体积）；

步骤 ③ 将 Post Process Volume（后处理体积）Bloom（光溢出）的 Intensity（强度）、Threshold（阈值）激活，并将 Intensity（强度）值设为 0，避免玻璃的材质出现闪光现象；

将 Auto Exposure（自动曝光）中的 Min\Max Brightness （最小 \ 最大亮度）统一设置为数值 1，将"人眼适应"关闭。

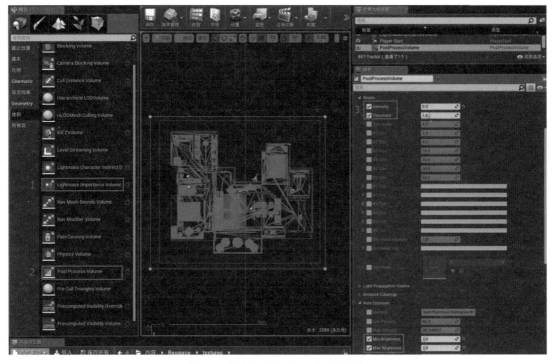

图 8.3.1 全局光体积及后处理体积添加

8.3.2 灯光布置

在静态场景中需将灯光的移动性改为"静态"。灯光参数需要反复构建和调节才能取得最佳值。

1. 设置光照分辨率

将主要模型（地面、顶面，墙体和重要家具）的光照分辨率调至 512，其余保持默认数值，统一给高分辨率会影响构建速度，如图 8.3.2 所示。

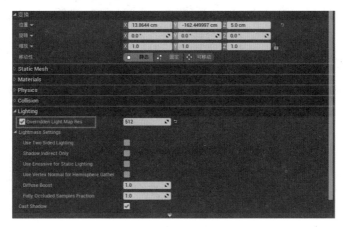

图 8.3.2 模型光照分辨率设置

2. 添加天光

步骤 1 将 Sky Light（天空光源）拖入至场景中；

步骤 2 选中 Sky Light（天空光源），选择 Source Type（光源类型）中的 SLS Specified Cubemap（指定立方体贴图），并将 HDI 贴图拖到 Cubemap 选项卡中，并调节 Intensity 值，这个场景值设为 1，根据不同场景依情况而定，如图 8.3.3 所示。

图 8.3.3 天光设置

3. 添加太阳光

步骤 1 在场景中添加 Directional Light（定向光源）；

步骤 2 选中 Directional Light（定向光源），旋转角度，强度值设为 5。颜色设为暖色，如图 8.3.4 所示。

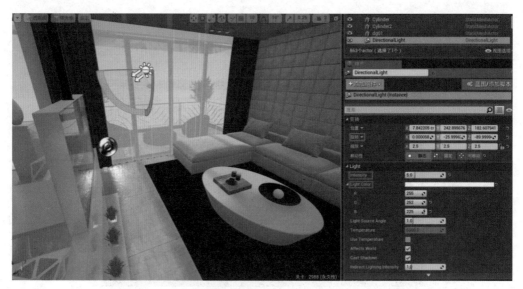

图 8.3.4 定向光源设置

4. 添加灯光阵列

添加灯光阵列，增加室内的光子亮（可在"仅光照"模式下查看光照效果），如图 8.3.5 所示。

步骤① 在场景中添加 Spot Light（聚光源），放到室内窗口处；

步骤② 将聚光灯旋转 90°，这里强度值先设为 1000；灯光颜色为冷色；Inner Cone Angle（聚光灯内角）值为 1，外角范围为 80；Attenuation Radius（光照衰减）设为 600；Source Radiues（光源半径），用来控制阴影虚实，设为 20；

步骤③ 每个窗口都需放灯光阵列。构建后根据每个空间的情况再进行调值。

在添加灯光阵列后，为了避免靠近窗口处模型的投影重叠太多，影响整体效果，可将部分模型的 Cast Shadow（投影）关闭，如图 8.3.6 所示。

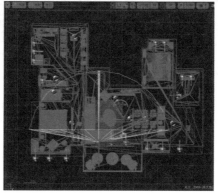

图 8.3.5 灯光阵列设置

图 8.3.6 模型去投影

5. 室内打光

（1）灯带

灯带用点光源来表现。这里只示范一处，不同空间、不同位置可根据情况调节，如图 8.3.7 所示。

步骤① 将 Point Light（点光源）添加到场景灯带槽位置处；

步骤② 将灯光强度值设为 300；灯光颜色设为偏暖的颜色；Attenuation Radius（衰减半径）设为 350；Source Radius（光源半径）及 Source Length（光源长度）根据灯槽的情况适当调节；

步骤③ 为了场景效果，可将 Cast Shadows（投射阴影）关闭，两者对比如图 8.3.8 所示。

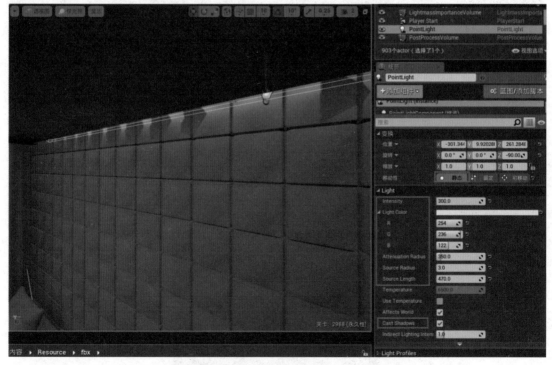

图 8.3.7 灯带设置

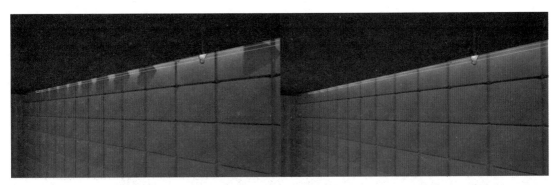

图 8.3.8 投射阴影关闭前后对比

（2）台灯

台灯用点光源来表现，如图 8.3.9 所示。

步骤 1 将 Spot Light（点光源）拖入场景中台灯灯罩内；

步骤 2 调整 Light 中的相关数值。

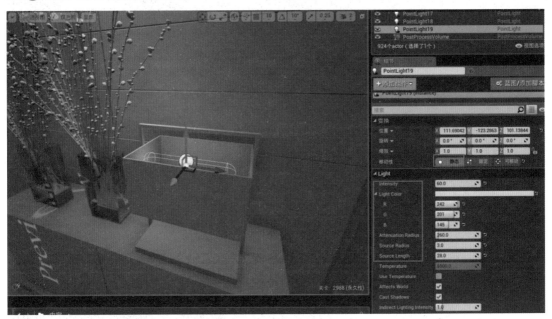

图 8.3.9 台灯调节

（3）筒灯

这里用聚光源加 IES 来表现，如图 8.3.10 所示。

步骤 1 将 Spot Light（聚光源）添加到场景中筒灯位置处；

步骤 2 在 Light Profiles（光源配置）中添加 IES，随后调整 Light 的值。

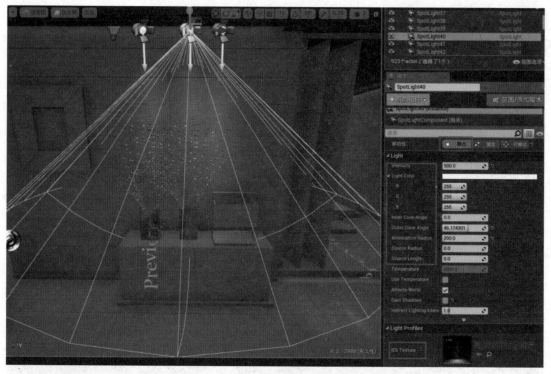

图 8.3.10 筒灯调节

8.3.3 构建预览级场景检查错误

打完灯光后就需要对场景进行一次"预览级"构建，对场景进行检查工作。场景的错误主要有溢光、漏光、黑面、亮面、溢色、模型脏旧、模型忽黑忽闪、场景无层次感、灯光阴影有锯齿。造成这些问题的主要原因还是前期模型处理上的问题。

这个场景中出现的 3 个问题主要都是前期光照 UV 没展好，如图 8.3.11 所示。可用 UE4 自动展 UV 功能或是返回 3ds Max 处理（具体步骤参考第 4 章 4.3.3 检查错误的光照贴图）。

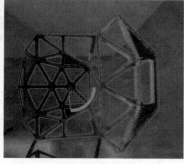

图 8.3.11 检查场景

8.3.4 构建高参数场景

待将场景中出现的问题解决，多次调整灯光构建后，就需要构建高质量场景。

1. 后处理体积参数调节

后处理体积参数可根据场景情况进行适当调节，如图 8.3.12 所示。

（1）Film（胶片调色）：一般会调节 3 个参数，如 Tint（整体偏色）、Saturation（饱和度）、Contrast（对比度）。

Tint（整体偏色），这里设为默认色；

Saturation（饱和度），若场景色彩较艳丽，降低饱和度；如果场景较灰，需提高饱和度，设为 1；

Contrast（对比度）：因为场景有点偏灰，这里设为 0.2。

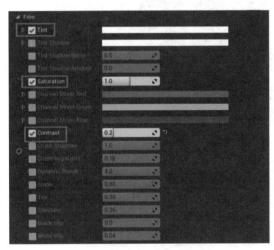

图 8.3.12 后处理体积参数调节

（2）Auto Exposure（自动曝光）：Exposure Bias（曝光偏移）根据场景亮度调节，保证场景不曝光，不死黑即可。这里设为 2.5，如图 8.3.13 所示。

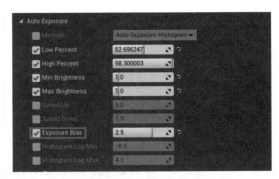

图 8.3.13 自动曝光调节

（3）Lens Flares（镜头眩光）：可将 Intensity 勾上并调为 0，即去除光晕效果，如图 8.3.14 所示。

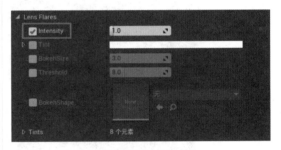

图 8.3.14 镜头眩光调节

（4）Ambient Occlusion（环境遮挡）：这个数值是控制模型与模型交接的 AO 效果，能有效避免场景看上去"飘"的问题，如图 8.3.15 所示。

Intensity（强度）：数值控制在 0.3~0.4 之间，这里调为 0.35；

Radius（半径）值可控制在 100~300 之间，这里设为 100，值过大会使运行变得缓慢。

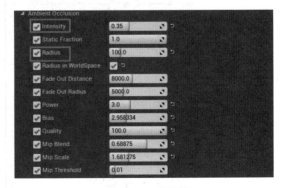

图 8.3.15 环境遮挡

（5）Screen Space Reflections（屏幕空间反射）：这个值控制材质反射的质量，一般将 Intensity 和 Quality 两个数值勾上并调节，如图 8.3.16 所示。

Intensity（强度）：这里给 100；

Quality（质量）：这里给 50。

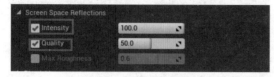

图 8.3.16 屏幕空间反射调节

2. 设置光照分辨率

在构建高质量的场景前还需提高模型的光照分辨率。

墙体、地面和吊顶：512~1024； 沙发、餐桌椅、床、床头柜、电视柜、重要硬装（饰面板等）、茶几和重要饰品（花瓶）：512；小饰品（柜子摆设、瓶瓶罐罐）：默认分辨率。

3. 构建

构建质量选择"高级"或是"制作"。随后单击"构建"即可，如图 8.3.17 所示。

图 8.3.17 构建

图 8.3.18 构建后效果

8.4 案例场景功能制作

为了增加 VR 场景的可玩性，可以在场景中加入一些功能。在这个场景中想完成的功能是从客餐厅进入卧室，用按键将门打开；走到卧室沙发旁，落地灯打开，离开后关闭。

8.4.1 制作按键式开关门

制作触发式开关门时需注意，门的轴心需在门的一侧，然后将物体坐标归 0；将门的移动性改为"可移动"，如图 8.4.1 所示（具体步骤参考第 6 章 6.2.2 制作按键式开关门）。

图 8.4.1 门基础设置

步骤 1 在场景中创建一个 Matinee 门平移的动画，这里制作 2 秒的平移开门，如图 8.4.2 所示。

图 8.4.2 门的 Matinee 动画

步骤 2 单击工具栏"蓝图"中的 Open Level Blueprint（打开关卡蓝图），如图 8.4.3 所示。

图 8.4.3 打开关卡蓝图

步骤 3 添加 Add On Actor Begin Overlap（添加角色开始重叠）及 Add On Actor End Overlap（添加角色结束重叠）节点。创建 Get Player Controller（控制器）节点来控制 Enable Input（启用输入）及 Disable Input（禁止输入），如图 8.4.4 所示。

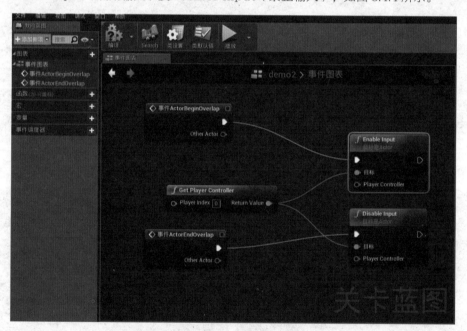

图 8.4.4 添加角色重叠节点

步骤 4 用一个按键节点"F"来控制门的播放与反向播放，如图 8.4.5 所示。

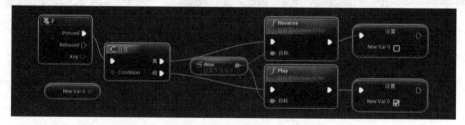

图 8.4.5 添加角色重叠节点

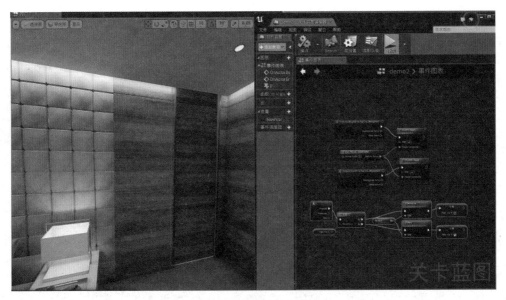

图 8.4.6 按键式开关门蓝图

8.4.2 制作触发式开关灯

制作触发式开关灯需注意，在布光时就先将需要制作开关灯的光源移动性改为"固定"。制作触发式开关灯原理和制作触发式开关水原理相同（具体步骤参考第 6 章 6.2.3 制作触发式开关水）。

步骤① 在落地灯处添加一个 Box Trigger（盒体触发器）；

步骤② 选中 Box Trigger(盒体触发器)和 Point Light(点光源)并转化为蓝图类,并命名,如图8.4.7 所示。

图 8.4.7 创建蓝图类

步骤 ③ 将 Point Light（点光源）的 Visible（可见性）关闭，如图 8.4.8 所示。

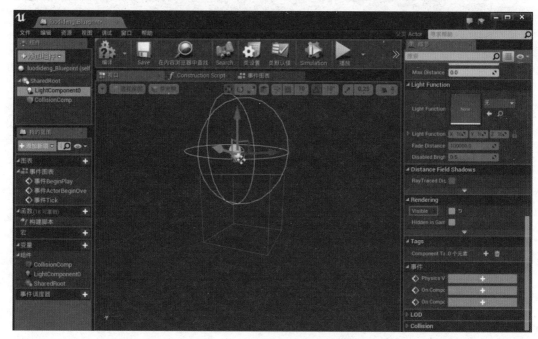

图 8.4.8 关闭可见性

步骤 ④ 添加 Add On Component Begin Overlap（添加对组件开始重叠）及 Add On Component End Overlap（添加对组件结束重叠），如图 8.4.9 所示。

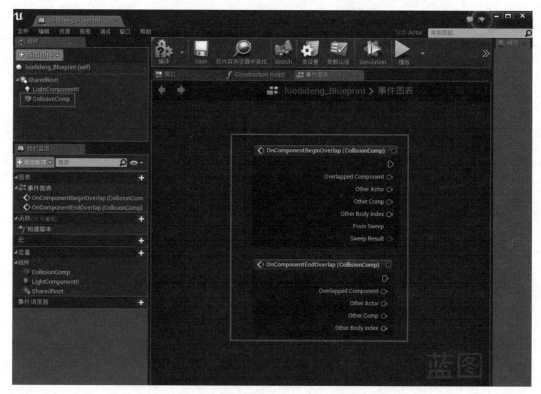

图 8.4.9 添加重叠节点

步骤5 把 Add Component（添加组件）中的 LightComponent0（灯光组件）拖到蓝图视口中，引线搜索 Toggle Visibility（切换或触发可见性）节点，连接并编译保存即可，如图 8.4.10 所示。

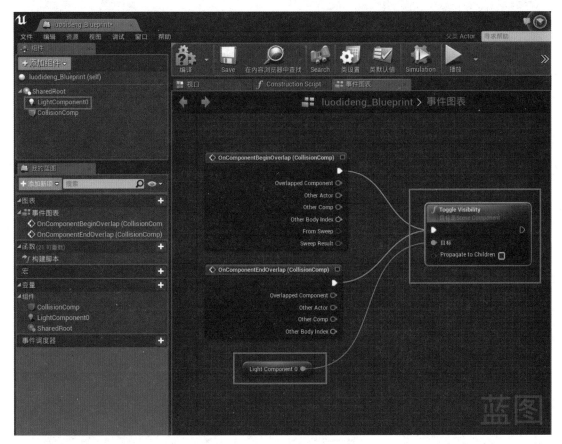

图 8.4.10 添加可见性节点

8.5 添加物体碰撞

为了让场景更有真实感，需给场景中的模型添加物体碰撞。

1. 自身碰撞添加

场景中需要给自身添加碰撞的物体大致有（墙面、地板、门框、房直角柜面），如图 8.5.1 所示。

步骤1 选中模型，这里以墙面门框为例。在详细面板里双击已选中模型的 Static Mesh（静态网格）属性；

步骤2 在细节面板 Static Mesh Settings（静态网格物体设置）属性下，选择 Collision Complexity（碰撞复杂性）下拉菜单中的 Use Complex Collision As Simple（使用复杂的碰撞为简单）。

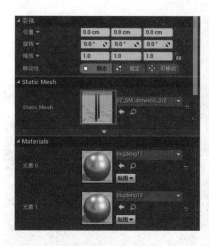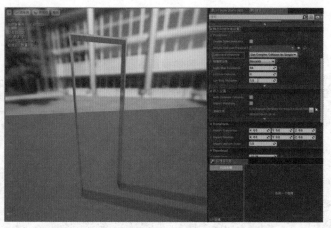

图 8.5.1 自身碰撞添加

2. 盒体碰撞添加

除墙面、地板、门框、厨房直角柜面外，其余物体可使用碰撞盒子的方式，如图 8.5.2 所示。

步骤① 这里以场景中的椅子为例。在放置模式里，输入 Blocking Volume 并拖到场景中；

步骤② 将 Blocking Volume（阻挡体及）放到椅子位置处，包裹住椅子。

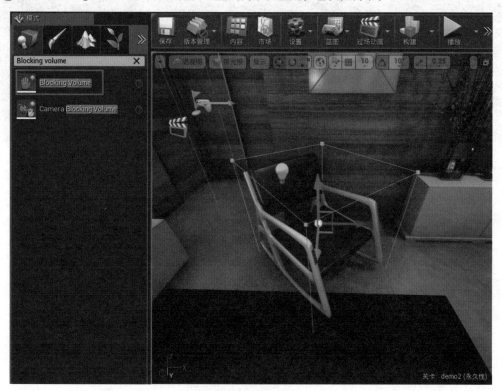

图 8.5.2 添加阻挡体积

8.6 VR 场景输出

场景全部处理完后，可将这个项目进行输出打包（具体步骤参考第 7 章 VR 场景输出）。

8.7 本章小结

本案例从模型、材质、灯光、蓝图各项入手细化各流程。VR 场景前期的模型优化处理相当重要。优化完善的场景，后期制作会省去不少时间。希望广大学员能合理运用所学知识，在练习中，发现问题，解决问题，不断提高自己的场景处理与制作能力。